Matthias Hauser

Christian Warns

Grundlagen der Finanzierung

anschaulich dargestellt

4. überarbeitete und aktualisierte Auflage

mit vielen Beispielen und Übungsaufgaben sowie einem Exkurs zu „Basel II“

PD-Verlag Heidenau

Bibliografische Information Der Deutschen Bibliothek

Die Deutsche Bibliothek verzeichnet diese Publikation in der Deutschen Nationalbibliografie; detaillierte bibliografische Daten sind im Internet über http://dnb.ddb.de abrufbar.

1. Auflage 2002 (ISBN 3-930737-47-7)
2. Auflage 2003 (ISBN 3-930737-48-5)
3. Auflage 2004 (ISBN 3-930737-49-3)
4. überarbeitete und aktualisierte Auflage 2008, 13. - 20. Tausend

http://www.pd-verlag.de, mail@pd-verlag.de,
Tel. 04182/401037, FAX: 04182/401038
Druck: CPI books GmbH, Leck

ISBN 978-3-86707-424-7

Vorwort

Ziel dieses Buches, das mittlerweile in der vierten Auflage erscheint, ist es, einen grundlegenden Überblick über die betriebswirtschaftliche Finanzierungstheorie zu vermitteln. Es werden die charakteristischen Züge der verschiedenen Aspekte der Finanzierung dargelegt und nützliche Berechnungen verdeutlicht.

Auf anschauliche Darstellung anhand zahlreicher Übersichtsgrafiken, Tabellen und Beispiele wird besonderer Wert gelegt.

Das Buch wendet sich somit an Studenten der Wirtschafts- und Sozialwissenschaften, an kaufmännische Auszubildende, Wirtschafts-Gymnasiasten und gerade auch an interessierte Unternehmer, die ihr Wissen über die marktüblichen Finanzierungsformen, die Errechnung zugehöriger Kostensätze, über Finanzierungsregeln oder die Neuregelung der Baseler Eigenkapitalrichtlinien erweitern oder sich auf Prüfungen vorbereiten möchten.

Eine umfassende und Erfolg versprechende Prüfungsvorbereitung ist mit Hilfe des umfangreichen Aufgabenteiles möglich. In diesem werden die behandelten Kapitel noch einmal mit ausgewählten Beispielen verschiedener Schwierigkeitsgrade unterlegt und ausführliche Lösungen zur eigenen Verständniskontrolle präsentiert.

In der vierten Auflage wurden neben der Anpassung an die aktuelle Rechts- und Wirtschaftslage, insbesondere die Unternehmenssteuerreform 2008 sowie Basel II, Abschnitte zu den zunehmend relevanten Themen hybride Finanzierungsformen, Termingeschäfte und Kreditrisikotransfer eingefügt.

Ein besonderer Dank gilt unserem Verleger, Herrn Dr. Peter Dörsam, für seine Unterstützung.

Trotz aller Sorgfalt und kritischer Prüfung können sich Fehler eingeschlichen haben. Sollten Sie, lieber Leser, Anregungen, Kritik oder Verbesserungsvorschläge haben, sind uns diese herzlich willkommen. Sie erreichen uns unter "finanzierung@pd-verlag.de".

Matthias Hauser *Christian Warns*

Inhaltsverzeichnis

Verzeichnis der Abkürzungen

A	Aktivseite
ABCP	Asset Backed Commercial Paper
ABS	Asset Backed Securities
AfA	Absetzung für Abnutzung
AG	Aktiengesellschaft
AktG	Aktiengesetz
AMA	Advanced Measurement Approach
AV	Anlagevermögen
BIA	Basisindikatoransatz
BilMoG	Bilanzrechtsmodernisierungsgesetz
BR	Bezugsrecht
C.p.	Ceteris paribus
CBO	Collateralized Bond Obligation
CDO	Collateralized Debt Obligation
CDS	Credit Default Swap
CF	Cash-Flow
CLN	Credit Linked Note
CLO	Collateralized Loan Obligation
CP	Commercial Papers
DAX	Deutscher Aktienindex
DN	Dividendennachteil
DV	Dividendenvorteil
EAD	Exposure at Default
E.K.	Eingetragener Kaufmann
ECAI	External Credit Assessment Institution
EK	Eigenkapital
ESt	Einkommensteuer
EUR	Euro
EURIBOR	European Interbank Offered Rate
FK	Fremdkapital
GK	Gesamtkapital
GmbH	Gesellschaft mit beschränkter Haftung
GmbHG	GmbH-Gesetz
GoB	Grundsätze ordnungsmäßiger Buchführung

GuV	Gewinn-und-Verlustrechnung
H	Haben
HR	Handelsregister
HRA	Handelsregister Abteilung „A“
HRB	Handelsregister Abteilung „B“
HV	Hauptversammlung
I.d.P.	In der Periode
I.e.S.	Im engeren Sinne
I.w.S.	Im weiteren Sinne
IRBA	Internal Ratings Based Approach
JIT	Just-in-Time
Kap.-Ges.	Kapitalgesellschaft
KEM	Kapazitätserweiterungsmultiplikator
KESt	Kapitalertragsteuer
KfW	Kreditanstalt für Wiederaufbau
KG	Kommanditgesellschaft
KGaA	Kommanditgesellschaft auf Aktien
KK	Kontokorrent
KMU	Kleine und mittlere Unternehmen
KonTraG	Gesetz zur Kontrolle und Transparenz im Unternehmensbereich
KSA	Kreditrisiko-Standardansatz
KSt	Körperschaftsteuer
KWG	Kreditwesengesetz
LG	Leasinggeber
LGD	Loss given Default
LIBOR	London Interbank Offered Rate
LN	Leasingnehmer
Ln	Logarithmus Naturalis
M.O.	Mit Optionsschein
M	Maturity
MaRisk	Mindestanforderungen an das Risikomanagement
MBS	Mortgage Backed Securities
MoMiG	Gesetz zur Modernisierung des GmbH-Rechts und zur Bekämpfung von Missbräuchen
MRP	Marktrisikopositionen
NPV	Net Present Value
O.O.	Ohne Optionsschein
OECD	Organization for Economic Cooperation and Development

OHG	Offene Handelsgesellschaft
OpR	Operationelles Risiko
OTC	Over the Counter
P	Passivseite
P.a.	Per annum
PD	Probability of Default
Pers.-Ges.	Personengesellschaft
PSV	Pensionssicherungsverein
RCB	Reverse Convertible Bond
ROI	Return on Investment
RWA	Risk Weighted Asset
S	Soll
SE	Societas Europaea (Europäische Aktiengesellschaft)
SF	Selbstfinanzierung
SolvV	Solvabilitätsverordnung
SolZ	Solidaritätszuschlag
SPV	Special Purpose Vehicle
TEUR	Tausend Euro
USD	US-Dollar
UV	Umlaufvermögen

1 Einführung in die Finanzierung

Bevor Güter hergestellt werden können, werden Produktionsfaktoren benötigt (Arbeit, Kapital, Boden), die finanziert werden müssen. Durch die zeitliche Divergenz aus Kapitalbedarf und Kapitalrückfluss aus dem betrieblichen Umsatzprozess entsteht ein Finanzierungsbedarf, welcher entweder durch Eigenkapital oder durch Fremdkapital gedeckt werden kann. An dieser Schnittstelle setzt die betriebswirtschaftliche Finanzierung ein.

→ Finanzierung ist die Beschaffung und Bereitstellung finanzieller Mittel.

Zu Eigenkapital zählt man die Einlagen der Unternehmensgründer bzw. der Gesellschafter oder Aktionäre und die im Umsatzprozess erwirtschafteten monetären Gegenwerte.

Unter Fremdkapital versteht man Kapital, das dem Unternehmen von außen zeitlich begrenzt überlassen wird (Kredite, Anleihen, etc.).

Finanzierung und Investition[1] sind in einem Zusammenhang zu nennen, da die Investition die Verwendung der Finanzmittel darstellt bzw. diese notwendig macht.

Die Finanzierungsentscheidung ist unter den Gesichtspunkten Liquidität, Rentabilität und Sicherheit zu sehen:

Liquidität: Fähigkeit des Unternehmens, den zukünftigen und bestehenden Zahlungsverpflichtungen nachzukommen.

Rentabilität: Das Verhältnis von Gewinn zu den eingesetzten Mitteln wird als Rentabilität bezeichnet.

Sicherheit: Langfristige Sicherung des Unternehmens.

---

1 Zur Vertiefung sei empfohlen: Dörsam, Grundlagen der Investitionsrechnung, 2004.

Bevor wir in diesem Buch auf die Finanzierungsmöglichkeiten einer Unternehmung eingehen, sollen zunächst wichtige betriebswirtschaftliche Begriffe erklärt werden, deren Kenntnis Voraussetzung für das Verstehen der nachfolgenden Kapitel ist.

Kapital: Unter Kapital versteht man alle Geldmittel, die für Investitionszwecke zur Verfügung stehen; man unterscheidet nach dem rechtlichen Anspruch in Eigen- und Fremdkapital. Das Kapital wird auf der Passiv-Seite der Bilanz ausgewiesen (Mittelherkunft).

Vermögen: Vermögen stellt die Gesamtheit aller materiellen und immateriellen Güter dar. Das Vermögen wird in der Bilanz auf der Aktiv-Seite ausgewiesen (Mittelverwendung). Man unterscheidet zwischen dem Anlagevermögen (Grundstücke, Gebäude, Maschinen, etc.) und dem Umlaufvermögen (Vorräte, Forderungen, Kassenbestand, etc.).

Bilanz: Es handelt sich um eine stichtags-bezogene Gegenüberstellung der Vermögenswerte (Aktiva) und Schulden (Passiva). Ermittelt wird das Reinvermögen (Eigenkapital) als Differenz von Aktiva und Passiva.

Gewinn-und-Verlust-Rechnung:

In der GuV-Rechnung wird der Erfolg (Gewinn oder Verlust) eines Unternehmens für eine Rechnungsperiode aus der Differenz von Erträgen und Aufwendungen ermittelt.

Aufwand: Einer Abrechnungsperiode zuzurechnender Werteverzehr.

Ertrag: Einer Abrechnungsperiode zuzurechnender Wertezuwachs.

Auszahlungen: Diese führen zu einem Abfluss liquider Mittel (Kassenbestand, Sichteinlagen) in der Periode und somit zu einer Abnahme des Zahlungsmittelbestandes.

Einzahlungen: Im Umkehrschluss führen Einzahlungen zu einem Zufluss liquider Mittel i.d.P. und somit zu einer Erhöhung des Zahlungsmittelbestandes.

Des Weiteren werden in diesem Buch viele Rechnungen durchgeführt, für die man die **Grundlagen der Zinsrechnung** beherrschen sollte. In Kapitel 2 Grundlagen der Zinsrechnung, Seite 23, haben wir die wichtigsten Methoden zusammengestellt. Allen Lesern, die in diesem Bereich noch Nachholbedarf haben, ist dieses Kapitel zu empfehlen.

Die Finanzierungsmöglichkeiten eines Unternehmens hängen stark von seiner **Rechtspersönlichkeit** ab. Aus diesem Grund bietet die nachfolgende Tabelle eine Übersicht über die wichtigsten Rechtsformen der Unternehmen in Deutschland.

Übersicht über die Rechtsformen der Unternehmen in Deutschland

	Aktiengesellschaft (AG)	**Gesellschaft mit beschränkter Haftung (GmbH)***	**Kommanditgesellschaft (KG)**	**Offene Handelsgesellschaft (OHG)**
Mindestgründerzahl	1	1	2	2
Mindestkapital	50.000 €	25.000 € (davon mind. 50% eingezahlt)	kein Mindestkapital	kein Mindestkapital
Kapitalaufbringung	Aktionäre	Gesellschafter gemäß Gesellschaftsvertrag	Gesellschafter gemäß Gesellschaftsvertrag	Gesellschafter gemäß Gesellschaftsvertrag
Entstehung	Notariell beurkundeter Gesellschaftsvertrag und Eintragung ins Handelsregister (HR)	Notariell beurkundeter Gesellschaftsvertrag und Eintragung ins HR	Gesellschaftsvertrag (kein Formzwang) und Eintragung ins HR	Gesellschaftsvertrag (kein Formzwang) und Eintragung ins HR
Eigene Rechts-persönlichkeit	Ja, juristische Person (Kapitalgesellschaft)	Ja, juristische Person (Kapitalgesellschaft)	Nein, „quasi-juristische“ Person (Personengesellschaft)	Nein, „quasi-juristische“ Person (Personengesellschaft)
Gesetzliche Vertretung	Vorstand, alle gemeinsam (Einzelvertretung kann im Gesellschaftsvertrag vereinbart werden + Eintragung ins HR)	Geschäftsführer, alle gemeinsam (Einzelvertretung kann im Gesellschaftsvertrag vereinbart werden + Eintragung ins HR)	jeder Komplementär alleine (Gemeinschaftsverfügung kann vereinbart werden)	Gesellschafter, jeder alleine (Gemeinschaftsverfügung kann vereinbart werden)
Haftung der Gesellschafter	mit Gesellschaftsvermögen	mit Gesellschaftsvermögen	Komplementäre unmittelbar, unbeschränkt, Kommanditisten mit ihrer Einlage	Gesellschafter unmittelbar, unbeschränkt, gesamtschuldnerisch
Haftung vor Eintragung ins HR	gesamtschuldnerisch, unbeschränkt	gesamtschuldnerisch, unbeschränkt	unmittelbar, unbeschränkt, gesamtschuldnerisch	unmittelbar, unbeschränkt, gesamtschuldnerisch

Übersicht über die Rechtsformen

	Europäische Gesellschaft (Societas Europaea, SE)	**Einzelunternehmung (e.K.)**
Mindestgründerzahl	2	1
Mindestkapital	120.000 €	kein Mindestkapital
Kapitalaufbringung	über vorhandene Gesellschaft(en)	Inhaber
Entstehung	Durch Umwandlung, Verschmelzung oder Gründung einer Holding- oder Tochtergesellschaft, die in mindestens 2 EU Mitgliedstaaten ihren Sitz haben (Mehrstaatenbezug)	Ohne Formzwang
Eigene Rechts-persönlichkeit	Ja, juristische Person (Kapitalgesellschaft)	Ja, natürliche Person
Gesetzliche Vertretung	Entweder durch Vorstand mit Kontrolle durch den Aufsichtsrat oder durch Verwaltungsrat, der zugleich die Funktion von Geschäftsleitung und Überwachung übernimmt	Unternehmensgründer alleine
Haftung der Gesellschafter	mit Gesellschaftsvermögen	Inhaber unmittelbar, unbeschränkt
Haftung vor Eintragung ins HR	gesamtschuldnerisch, unbeschränkt	Inhaber unmittelbar, unbeschränkt

*Anmerkung zur GmbH:

Bei Drucklegung dieses Buches befand sich eine Reform der GmbH im Gesetzgebungsverfahren. Mit dem Gesetz zur Modernisierung des GmbH-Rechts und zur Bekämpfung von Missbräuchen (MoMiG) soll die Rechtsform der GmbH attraktiver gemacht werden, um Unternehmensgründungen zu beschleunigen. Hierzu ist vorgesehen, das zur Gründung erforderliche Mindestkapitel auf 10.000 Euro (davon mindestens 50% eingezahlt) zu reduzieren. Weiterhin kann ein vom Satzungssitz abweichender Verwaltungssitz der GmbH gewählt werden, der auch im Ausland liegen kann.

Das Gesetz soll nach Angaben des Bundesministeriums der Justiz zu Beginn des dritten Quartals 2008 in Kraft treten.

Ob das Gesetz in der hier skizzierten Form verabschiedet wird, konnte zum Zeitpunkt der Drucklegung noch nicht hinreichend gesagt werden. Der Leser möge dies im Zweifel prüfen.

Finanzierungsarten

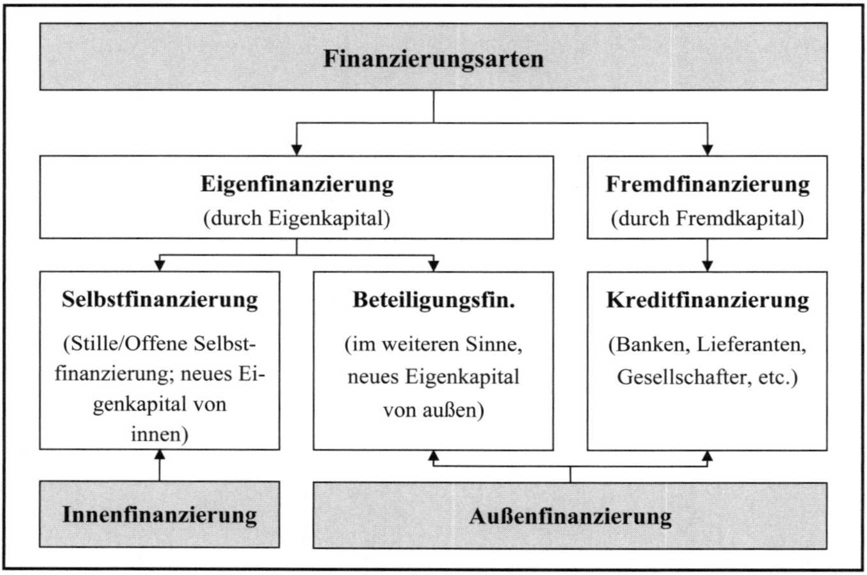

Die obige Übersicht soll die Klassifizierung der verschiedenen Finanzierungsformen verdeutlichen. Grundsätzlich stehen dem Unternehmen zwei Möglichkeiten der Finanzierung zur Verfügung:

- die **Finanzierung durch Eigenkapital** (auch Eigenfinanzierung genannt) und
- die **Finanzierung durch Fremdkapital** (Fremdfinanzierung)

Wie bereits erwähnt, handelt es sich bei Eigenkapital um die Einlagen der Gesellschafter oder Aktionäre **(Beteiligungsfinanzierung)** sowie um Finanzmittel, die durch den Umsatzprozess erwirtschaftet werden **(Selbstfinanzierung)**.

Fremdkapital bezeichnet die Finanzierung über Kredite oder Anleihen. Daher spricht man hier von **Kreditfinanzierung**. Der Charakter des Fremdkapitals zeichnet sich durch eine zeitlich befristete Kapitalüberlassung seitens der Kapitalgeber (Gläubiger) aus. Der Gläubiger hat lediglich Anspruch auf Rückzahlung der Kreditsumme sowie auf Verzinsung seines Kapitals, wohingegen er an der Unternehmensführung in der Regel nicht beteiligt ist.

Die Kapitalbeschaffung von außen (Beteiligungsfinanzierung und Kreditfinanzierung) wird unter dem Begriff **Außenfinanzierung**, die Selbstfinanzierung des Unternehmens unter dem Begriff **Innenfinanzierung** zusammengefasst.

Die Beschaffung der finanziellen Mittel im Rahmen der Außenfinanzierung kann auf zwei Märkten erfolgen:[2]

Geldmarkt: Hierunter versteht man die kurzfristige Geldanlage und -aufnahme in Form von Geldmarktpapieren oder Zentralbankguthaben (nur für Banken). Geldmarktpapiere sind äußerst liquide und relativ kurssicher.

Kapitalmarkt: Markt für längerfristige Kapitalanlage und -aufnahme. Als Marktteilnehmer treten Emittenten von Beteiligungskapital oder Anleihen auf der Verkäuferseite und Investoren auf der Käuferseite auf. In der Regel wird der Handel über Banken abgewickelt. Eine zentrale Rolle nehmen die Wertpapierbörsen als Handelsplattform ein.

---

2 Vgl. Thommen/Achleitner, Allgemeine Betriebswirtschaftslehre, 2006.

2 Grundlagen der Zinsrechnung

Dieses Kapitel soll die allgemeine Zinsrechnung, die Rechnung mit Zinseszins (Aufzinsung/Abzinsung) und die Errechnung von durchschnittlicher und effektiver Verzinsung verdeutlichen.

Der Begriff der Zinsen wird im Deutschen mehrdeutig verwendet. Sowohl im Zusammenhang mit der prozentualen Verzinsung, dem Zinssatz, als auch im Zusammenhang mit dem Zinsbetrag, den man im Falle einer Einlage als Gutschrift erhält und im Falle eines Kredites zu entrichten hat, spricht man umgangssprachlich vom „Zins".

Es wird in dieser Ausarbeitung daher zwischen Zinsbetrag und Zinssatz differenziert.

Komponenten, die die Höhe der Zinszahlung beeinflussen:

- Zu verzinsender Nominalbetrag (Einlage/Kredit),
- Laufzeit des Geschäftes in Tagen, Monaten oder Jahren,
- Nominaler Zinssatz in % p.a. [lat.: „per annum" = pro Jahr].

Nach der deutschen kaufmännischen Zinsmethode werden 30 Tage pro Monat und analog 360 Tage pro Jahr angenommen. Andere Methoden legen 28 bis 31 Tage pro Monat und 365 bzw. 366 Tage pro Jahr zugrunde. Zur Vereinfachung soll die deutsche Zinsmethode Grundlage sämtlicher Zinsrechnungen dieses Werkes sein.

2.1 Allgemeine Zinsformel

$$\text{Zinsbetrag (Z)} = \mathit{Kapital}\ (K) \cdot \mathit{Zinssatz}\ (p) \cdot \frac{\mathit{Tage}\ (t)}{360}$$

Beispiel 1, Anlage von 1.000 Euro für 90 Tage zu einem Zinssatz von 5% p.a.

Rechnung: $\text{Zinsbetrag } \mathbf{Z} = (K = 1.000) \cdot (p = 0{,}05) \cdot \frac{(t = 90)}{360} = 12{,}50 \text{ Euro}$

Das Kapital multipliziert mit dem Zinssatz p.a. ergibt den Zinsbetrag pro Jahr [im Beispiel Z (1.000 Euro) · p (0,05) = 50 Euro]. Darüber hinaus muss noch eine Größe einfließen, die den Jahreszinsbetrag auf die Laufzeit der Anlage bezieht.

In unserem Beispiel läuft die Anlage für 90 Tage. Der Zinsbetrag muss also für 90 von 360 Tagen errechnet werden. Hierzu wird der jährliche Zinsbetrag mit dem Faktor 90/360 multipliziert [50 Euro · (90/360) = 12,50 Euro]. Damit erhält man genau anteilig den Zinsbetrag, der auf 90 Tage entfällt.

Für ein ganzes Jahr (360 Tage) derselben Anlage würde die Rechnung also lauten:

$$Z = \frac{1.000 \cdot 0{,}05 \cdot \cancel{360}}{\cancel{360}} = 1.000 \cdot 0{,}05 = 50 \text{ Euro}$$

Hierbei spielt es keine Rolle, ob man, wie oben angeführt, den Zinssatz direkt als Dezimalzahl (0,05) ausdrückt oder als Anteil vom Hundert in den Bruch integriert (5/100). Die Rechnung würde dann lediglich anders geschrieben werden:

$$Z = 1.000 \cdot \frac{5}{100} \cdot \frac{90}{360} = 12{,}50 \text{ Euro}$$

Die allgemeine Zinsformel kann nun natürlich auch umgestellt werden, um andere Komponenten als den Zinsbetrag (Z) zu errechnen.

Beispiel 2, Errechnung der Laufzeit (t)

Folgende Daten eines kurzfristigen Kredites seien bekannt: [Werte in Euro]

Z = 15,63 *p = 2,5% p.a.* *K = 5.000*

Die Laufzeit des Kredites ist zu errechnen!

Berechnung: $t = \frac{Z \cdot 360}{K \cdot p}$ $t = \frac{15,63 \cdot 360}{5.000 \cdot 0,025} \approx 45$

Die Laufzeit des Kredites betrug 45 Tage.

Durch einfaches Umformen der allgemeinen Zinsformel lassen sich entsprechend auch die anderen möglichen Zielgrößen, Zinssatz (p) und verzinstes Kapital (K), errechnen.

$$\mathbf{p} = \frac{Z \cdot 36.000}{K \cdot t} \quad \text{und} \quad \mathbf{K} = \frac{Z \cdot 36.000}{t \cdot p}$$

⇨ Weitere Aufgaben mit Lösungen in den Abschnitten 7 und 8

2.2 Zinseszins / Aufzinsung

Die Rechnung mit Zinseszins sucht den Wert einer Anlage nach einer bestimmten Anlagedauer, ausgehend vom Anlagezeitpunkt t_0. Es fallen nach jeder Zinsperiode Zinserträge an, die aber nicht ausgezahlt sondern nach dem Entstehungszeitpunkt bis zum Ende der Laufzeit mitverzinst werden.[3] Dadurch erhöht sich mit jeder Zinsperiode das zu verzinsende Kapital.

Das gesamte Kapital einschließlich der angefallenen Zinserträge wird nach Ablauf der Anlageperiode in einer Summe zurückgezahlt. Dieses Verfahren nennt man auch „Aufzinsen". Der Endwert K_n ist demnach der aufgezinste Betrag nach der betrachteten Anlageperiode.

Zinseszinsformel: $$K_n = K_0 \cdot (1+i)^n = K_0 \cdot (q)^n$$

K_0 ⟹ Anfangskapital

n ⟹ Laufzeit in Jahren

K_n ⟹ Kapital nach n Jahren

i ⟹ Zinssatz (lediglich andere Schreibweise statt „p")

q ⟹ Aufzinsungsfaktor (1+i)

Beispiel	*Errechnung des Endvermögens nach einer Anlage von 1.000 Euro für 8 Jahre zu 6% p.a.*
Rechnung	$K_8 = 1.000 \cdot (1{,}06)^8 = 1.000 \cdot 1{,}59385 = 1.593{,}85$ *Euro*
Zum Vergleich	$Z_1 = 1.000 \cdot 0{,}06 = 60$ *Euro*
Rechnung ohne Zinseszins	$Z_8 = 60 \cdot 8 = 480$ *Euro*
	$K_8 = 1.000$ *Euro* $+ 480$ *Euro* $= 1.480$ *Euro*

[3] Einbehaltung von Gewinnen oder Erträgen bezeichnet man auch als „Thesaurierung".

Sind alle Daten bis auf den Zinssatz bekannt, löst man, indem man die n-te Wurzel zieht:

$$K_n = K_0 \cdot (1+i)^n \iff (1+i)^n = \frac{K_n}{K_0} \iff (1+i) = \sqrt[n]{\frac{K_n}{K_0}} \iff i = \sqrt[n]{\frac{K_n}{K_0}} - 1$$

Sind alle Daten bis auf die Laufzeit bekannt, so muss man logarithmieren.[4]

$$K_n = K_0 \cdot (1+i)^n \iff (1+i)^n = \frac{K_n}{K_0} \iff \ln\left((1+i)^n\right) = \ln\left(\frac{K_n}{K_0}\right)$$

$$\iff n \cdot \ln(1+i) = \ln\left(\frac{K_n}{K_0}\right) \iff n = \ln\left(\frac{K_n}{K_0}\right) \cdot \frac{1}{\ln(1+i)}$$

2.3 Zinseszins / Abzinsung

Nutzt man die oben beschriebene Zinseszinsformel zur Ermittlung des Anfangsbetrages einer Anlage (K_0), ausgehend von deren Endwert (K_n) und dem Zinssatz der Anlage (i), so spricht man von „Abzinsung".

Die Zinseszinsformel ist lediglich nach K_0 aufzulösen:

$$K_n = K_0 \cdot (1 + i)^n \iff K_0 = \frac{K_n}{(1+i)^n}$$

4 Eine generelle Anleitung zur Lösung von Logarithmen findet der interessierte Leser in Dörsam, Mathematik, anschaulich dargestellt, 2006.

Beispiel

Abgezinster Sparbrief, Laufzeit 6 Jahre, Endwert (K_6) 5.000 Euro, Zinssatz 3,5% p.a.

Berechnung Einzahlung in K_0

$$K_0 = \frac{K_n}{(1+i)^n} \qquad K_0 = \frac{5.000}{(1+0{,}035)^6} = \frac{5.000}{1{,}22926} = 4.067{,}50 \text{ Euro}$$

Nach Einzahlung von 4.067,50 Euro werden sechs Jahre später 5.000 Euro zurückgezahlt.

2.4 Durchschnittliche Verzinsung

Die durchschnittliche Verzinsung ($\varnothing$ i) bringt den umgerechneten jährlichen Zinssatz (Ertrag aus einer Anlage beziehungsweise die umgerechneten jährlichen Kosten einer Finanzierung) zum Ausdruck. Der Zinseszinseffekt bleibt unberücksichtigt. Aufgrund ihres statischen Ansatzes ist die durchschnittliche Verzinsung eine schlechte Näherung für den effektiven Zinssatz und daher nur sehr begrenzt aussagefähig.

Bei Anlagen ($\Longrightarrow$ Ertrag)

Es werden alle Erträge und Kosten aus einer Anlage (Aktien, Anleihen, Spareinlagen etc.) erfasst und ein jährlicher Durchschnittsertrag errechnet. Außer der reinen Verzinsung/Dividende fließen Kursgewinne und Kursverluste bei Verkauf/Rückzahlung, Nebenkosten bei Erwerb (z.B. Agio[5]) und sonstige Kosten (z.B. Depotgebühren) und sonstige Erträge (z.B. Bezugsrechtserlöse) mit ein.

- *mit fester Verzinsung*

$$\varnothing \, i = \frac{\text{jährl. Zinsbetrag } (Z)}{\text{Auszahlungsbetr. } (K)} + \frac{\dfrac{\text{Rückzahlungsbetr.} - \text{Auszahlungsbetr.}}{\text{Laufzeitjahre } (t)}}{\text{Auszahlungsbetrag}(K)} + \frac{\dfrac{\text{Saldo (sonst. Erträge} - \text{sonst. Kosten)}}{\text{Laufzeitjahre } (t)}}{\text{Auszahlungsbetrag } (K)}$$

[5] Betrag, der zum Anlagezeitpunkt über den Nominalwert hinaus zu zahlen ist und nicht zurückgezahlt wird. Da das Agio Kosten darstellt, mindert es den prozentualen Ertrag einer Anlage.

- *mit variabler Verzinsung / Dividende*

$$\varnothing\, i = \frac{\dfrac{\text{Summe aller Zinsbetr.}\left(\sum_{j=1}^{n} Z_j\right)}{\text{Laufzeitjahre }(t)}}{\text{Auszahlungsbetr. }(K)} + \frac{\dfrac{\text{Rückzahlungsbetr.} - \text{Auszahlungsbetr.}}{\text{Laufzeitjahre }(t)}}{\text{Auszahlungsbetrag }(K)} + \frac{\dfrac{\text{Saldo (sonst. Erträge} - \text{sonst. Kosten)}}{\text{Laufzeitjahre }(t)}}{\text{Auszahlungsbetrag }(K)}$$

Die Summanden der Formel sind auf den Auszahlungskurs bezogen (Auszahlungskurs steht im Nenner), da nur dieser Betrag tatsächlich eingesetzt beziehungsweise ausgezahlt wird, unabhängig von Nominal- und Rückzahlungswert. Grundlage für die Berechnung des Zinsbetrags ist selbstverständlich weiterhin der Nominalwert.

Beispiel

Erwerb einer festverzinslichen Anleihe

Nominalwert	*1.000 Euro*	*Rückzahlungskurs*	*100%*
Auszahlungskurs	*92%*	*Laufzeit*	*6 Jahre*
Gebühr Kauforder	*20 Euro*	*Nominalzinssatz*	*5% p.a.*

$$\varnothing\, i = \frac{50}{920} + \frac{\dfrac{1.000-920}{6}}{920} + \frac{\dfrac{-20}{6}}{920} = 0{,}0543 + 0{,}0145 - 0{,}00362 = 0{,}0652$$

Die ersten beiden Summanden stellen Erträge (positives Vorzeichen) und der letzte Summand stellt einen Aufwand dar (negatives Vorzeichen).

Der durchschnittliche Zinssatz dieser Anlage beträgt 6,52% p.a., wenn der Anleger das Papier von Begabe- bis Rückzahlungszeitpunkt hält.

Bei Darlehen (⇒ Aufwand)

Bei Darlehen werden ebenso alle anfallenden Kosten betrachtet. Erträge gibt es direkt aus einem Darlehen naturgemäß nicht. Lediglich bei Anleihen kann eine emittierende Gesellschaft Erträge aus einem niedrigeren Rückzahlungsbetrag als dem Auszahlungsbetrag schöpfen. Das hieße, der Auszahlungskurs einer Anleihe wäre höher gewesen als der Rückzahlungskurs derselben. Dies ist nicht der Regelfall, ist aber dennoch nicht unmöglich.

Außer der Nominalverzinsung können **Bereitstellungsprovisionen**[6], Abschluss-Kosten, Disagio und sonstige Kosten anfallen. Der durchschnittliche Kostensatz ist analog zu der Vorgehensweise bei Anlagen zu errechnen. Es ist besonders darauf zu achten, dass alle Teile der Gleichung mit richtigen Vorzeichen versehen werden.

Beispiel

Emission einer festverzinslichen Anleihe

Nominalwert	*50 Mio. Euro*	*Rückzahlungskurs*	*102%*
Auszahlungskurs	*98%*	*Laufzeit*	*8 Jahre*
Platzierungskosten	*1,8%*	*Nominalzinssatz*	*7,5% p.a.*

Da der emittierenden Gesellschaft (Emittentin) nur der Auszahlungsbetrag (im Beispiel 98%) zur Verfügung steht, müssen die gesamten Kosten auch auf diesen Auszahlungsbetrag bezogen werden.

[6] Kostensatz der Bank für einen bewilligten, aber nicht in Anspruch genommenen Kredit oder Teil eines Kredites.

$$\varnothing i = \frac{\textit{jährl. Nominalzinsbetrag}}{\textit{Auszahlungsbetrag}} + \frac{\dfrac{\textit{Rückzahlungsbetr.} - \textit{Auszahlungsbetr.}}{\textit{Laufzeitjahre}}}{\textit{Auszahlungsbetrag}} + \frac{\dfrac{\textit{sonst. Kosten}}{\textit{Laufzeitjahre}}}{\textit{Auszahlungsbetrag}}$$

$$\varnothing i = \frac{3.750.000}{49.000.000} + \frac{\dfrac{51.000.000 - 49.000.000}{8}}{49.000.000} + \frac{\dfrac{900.000}{8}}{49.000.000} = 0{,}0839$$

Demnach betragen die durchschnittlichen Finanzierungskosten der aufgenommenen 49 Millionen Euro (98% des Nominalbetrags) 8,39% p.a.

Die durchschnittlichen Kosten von Finanzierungen schwankender Verzinsung errechnen sich analog zu der Vorgehensweise bei Anlagen variablen Zinssatzes.

⇨ Weitere Aufgaben mit Lösungen in den Abschnitten 7 und 8

2.5 Effektive Verzinsung

Die effektive Verzinsung (r) liefert im Gegensatz zur durchschnittlichen Verzinsung eine korrekte Aussage über die tatsächlichen Werte der Zahlungsströme einer Anlage beziehungsweise die durchschnittlichen Kosten einer Finanzierung.

Die höhere Aussagekraft gewinnt die Effektivverzinsung, da sie zu den reinen monetären Größen zusätzlich das **zeitliche Element** der Zahlungsströme erfasst.

Weil man einen Zinsertrag, den man heute erhält, in Zukunft anlegen und daraus Erträge erwarten kann, ist er höherwertig als derselbe Zinsertrag zu einem späteren Zeitpunkt. Im Umkehrschluss ist ein Zinsaufwand zu einem späteren Zeitpunkt günstiger als ein Mittelabfluss zum aktuellen Zeitpunkt, da man die Mittel in der Zwischenzeit wiederum anlegen oder zur Eigenfinanzierung nutzen kann.

Die Effektivverzinsung ist weiterhin von Bedeutung, weil § 6 der Preisangaben-Verordnung (PAngV) die Ausweisung der Effektivverzinsung in jedem Kreditvertrag der gewerblichen Kreditwirtschaft zwingend vorschreibt.

Fehlende Ausweisung der Effektivverzinsung kann zur Nichtigkeit des Kreditvertrages führen.

> § 10 (2) Nr. 6 Preisangabenverordnung:
>
> „Ordnungswidrig im Sinne des § 3 Abs. 1 Nr. 2 des Wirtschaftsstrafgesetzes 1954 handelt auch, wer vorsätzlich oder fahrlässig einer Vorschrift des § 6 Abs. 6 über die Angabe des effektiven oder anfänglichen[7] effektiven Jahreszinses zuwiderhandelt.“

[7] Der anfängliche effektive Jahreszins ist auszuweisen bei Kreditverpflichtungen mit schwankendem Nominalzinssatz.

Um die Zeitpunkte der Zahlungsströme wertmäßig einfließen lassen zu können, müssen alle Zahlungen, die mit einer Anlage oder einer Finanzierung einhergehen, auf einen einzigen Zeitpunkt bezogen werden. Aus diesem Grund zinst man alle Zahlungen, die im Zusammenhang mit der entsprechenden Einlage oder dem entsprechenden Kredit stehen, auf einen Zeitpunkt ab oder auf.

Meistens wählt man den Zeitpunkt zu Beginn der Laufzeit, beziehungsweise den Zeitpunkt, an dem der Vertrag geschlossen wurde. Somit werden alle zukünftigen Zahlungen abgezinst.

Die Methode der dynamischen Zinsrechnung ist die **Methode des internen Zinsfusses**.

Sie stammt aus der dynamischen Investitionsrechnung und gibt denjenigen Zinssatz an, den eine Investition als Rendite erbringt. Hierbei spielt der Begriff des Kapitalwertes eine Rolle.[8] Beim Kapitalwert werden alle Einnahmen und Ausgaben auf den Zeitpunkt t_0 umgerechnet (abgezinst) und anschließend summiert.[9] Der Kapitalwert (C_0) wird gleich null gesetzt und aus dieser Gleichung der Effektivzins beziehungsweise der interne Zinsfuß ermittelt.

In Anlehnung an die Investitionsrechnung und zur besseren Unterscheidung vom durchschnittlichen Zinssatz (i) sei hier das Symbol „r“ gewählt.

Die Gleichung lautet:

$$C_0 = -a_0 + \sum_{t=1}^{n} \frac{1}{(1+r)^t} \cdot s_t = 0$$

oder anders geschrieben:

$$C_0 = -a_0 + \frac{s_1}{(1+r)^1} + \frac{s_2}{(1+r)^2} + ... + \frac{s_n}{(1+r)^n} = 0$$

[8] Auch Net Present Value (NPV) genannt.

[9] Vgl. Dörsam, Grundlagen der Investitionsrechnung, 2004.

Bei $\mathbf{a_0}$ spricht man in der Investitionsrechnung vom Auszahlungsbetrag, also dem Anlage- beziehungsweise Kreditbetrag;

$\mathbf{s_t}$ bezeichnet den Saldo der Zahlungsströme in der Periode t (t_1 bis t_n). Es werden Erträge und Aufwendungen der jeweiligen Periode saldiert und anschließend abgezinst.

Gewöhnlich haben a_0 und s_t unterschiedliche Vorzeichen, da bei einer Anlage zuerst Liquidität abfließt und anschließend durch Erträge und Rückzahlung wieder zufließt. Bei einem Kredit ist es anders herum, zuerst fließt Liquidität zu und während der Laufzeit in Form von Zinszahlungen und Tilgung wieder ab.

Bei welchem r wird nun die oben angeführte Gleichung gleich null?

Man bedient sich aufgrund der komplizierteren und mathematisch nicht eindeutig lösbaren Berechnung bei $n \geq 3$ einer Näherungsmethode. Es wird ein Zinssatz i_1, bei dem die Gleichung/der Kapitalwert (C_{01}) positiv (> 0) und ein höherer Zinssatz i_2, bei dem die Gleichung/Kapitalwert (C_{02}) negativ (< 0) wird, geschätzt.[10]

Durch lineare Interpolation zwischen diesen beiden Kapitalwerten mit unterschiedlichen Vorzeichen wird eine Näherung des Zinssatzes r ermittelt, bei dem die Gleichung einen Wert nahe bei Null annimmt.

Lineare Interpolation

$$r = i_1 + \frac{C_{01}}{C_{01} - C_{02}} \cdot (i_2 - i_1)$$

Ausgehend von dem niedrigeren der geschätzten Zinssätze (i_1) wird r durch Addition des Anteilswerts des höheren (positiven) Kapitalwerts (C_{01}) an der Differenz beider Kapitalwerte (C_{01}-C_{02}) multipliziert mit der Zinsspanne zwischen i_1 und i_2 ermittelt.

[10] Unterschiedliche Vorzeichen der beiden Kapitalwerte nach der Schätzung sind nicht zwingend notwendig; dieses Vorgehen erleichtert im weiteren Verlauf jedoch die korrekte Zuordnung der Größen.

Beispiel

Aus einer Anlage in einer Teilschuldverschreibung über nominal 10.000 Euro seien folgende Daten bekannt. Es ist die effektive Verzinsung zu errechnen.

Auszahlungskurs	*98%*	*Laufzeit*	*4 Jahre*
Rückzahlungskurs	*112%*	*Nominalzinssatz*	*5% p.a.*
Kaufnebenkosten	*75 Euro*	*Jährliche Depotgebühr*	*28 Euro*

1. Für die Perioden 0 - 4 ergeben sich die Zahlungsströme für den Anleger wie folgt: [alle Werte in Euro]

	t_0	t_1	t_2	t_3	t_4
Auszahlung	-9.800				
Nebenkosten Kauf	-75				
Zinsbetrag		500	500	500	500
Depotkosten		-28	-28	-28	-28
Rückzahlung					11.200
Saldo s_t	***-9.875***	***472***	***472***	***472***	***11.672***

2. Nun werden die errechneten Salden in die oben beschriebene Abzinsungsformel eingesetzt:

$$C_0 = -9.875 + \frac{472}{(1+r)} + \frac{472}{(1+r)^2} + \frac{472}{(1+r)^3} + \frac{11.672}{(1+r)^4} = 0$$

Anschließend wird der Kapitalwert für zwei verschiedene, geschätzte Zinssätze ermittelt:

3. Schätzung für $i_1 = 0{,}05$ (= 5%)

$$C_{01} = -9.875 + \frac{472}{(1+0{,}05)} + \frac{472}{(1+0{,}05)^2} + \frac{472}{(1+0{,}05)^3} + \frac{11.672}{(1+0{,}05)^4} = 1.012{,}96$$

Da man einen positiven Kapitalwert erhält, ist der geschätzte Zinssatz also niedriger als der wahre interne Zinsfuß (der interne Zinsfuß lässt den Kapitalwert null werden). Es wird daher ein höherer zweiter Zinssatz geschätzt.

4. Schätzung für $i_2 = 0{,}10$ (= 10%)

$$C_{02} = -9.875 + \frac{472}{(1+0{,}10)} + \frac{472}{(1{,}1)^2} + \frac{472}{(1{,}1)^3} + \frac{11.672}{(1{,}1)^4} = -729{,}07$$

5. Lineare Interpolation

$$r = 0{,}05 + \frac{1.012{,}96}{1.012{,}96 - (-729{,}07)} \cdot (0{,}10 - 0{,}05) = 0{,}05 + \frac{1.012{,}96}{1.742{,}03} \cdot 0{,}05$$

$$= 0{,}0791 \qquad (7{,}91\%)$$

In unserem Beispiel beträgt der effektive Zinssatz pro Jahr näherungsweise 7,91%.

Sollte diese Näherung zu ungenau sein, besteht die Möglichkeit über eine genauere Schätzung und erneute Interpolation der beiden Zinssätze ein exakteres Ergebnis zu erhalten. Bei einer anschließenden Schätzung wird man den bereits ermittelten Näherungszinssatz (7,91%) verwenden und zunächst den daraus resultierenden Kapitalwert berechnen. Anschließend ist ein zweiter Zinssatz zu schätzen, der dazugehörige Kapitalwert zu errechnen und erneut zu interpolieren. So lässt sich das Näherungsergebnis immer weiter verfeinern. Handelt es sich anstelle einer Anlage um einen Kredit in Normalform, tragen der Auszahlungsbetrag ein positives und die nachfolgenden Salden ein negatives Vorzeichen. Jede einzelne Größe muss vor Berücksichtigung im jeweiligen Saldo auf ihre Wirkung – entweder als Ertrag oder als Aufwand – überprüft werden. Hierbei geschehen die häufigsten Fehler.

Die amtlich vorgeschlagene und für institutionelle Gläubiger verpflichtende Formel zur Berechnung der effektiven oder anfänglichen effektiven Verzinsung findet sich in der PAngV.

3 Innenfinanzierung

3.1 Grundlagen

Die Innenfinanzierung ist das klassische Kernstück der Unternehmensfinanzierung, da man hieraus konkrete Aussagen über die Selbstfinanzierungskraft einer Unternehmung ableiten kann. Selbstfinanzierung bedeutet hierbei die Refinanzierung des Unternehmens aus eigener Kraft – also aus Umsatzerlösen (Gewinne, Rückstellungen, Abschreibungen) oder sonstigen Vermögensumschichtungen. Die folgende Grafik soll einen Überblick über die Innenfinanzierung geben, die man auch als Selbstfinanzierung bezeichnen kann.

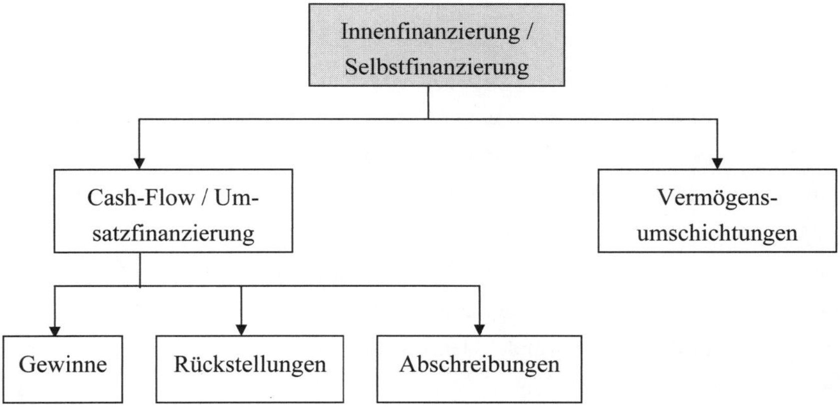

Im Zusammenhang mit der Aufnahme von Fremdkapital zur Überbrückung von Liquiditätsengpässen oder zur Finanzierung von Investitionen ist die Innenfinanzierung von besonderer Bedeutung, da ein Unternehmen mit hoher Selbstfinanzierungskraft einfacher und kostengünstiger an externes Kapital kommen kann.

3.2 Der Cash-Flow als Finanzierungskennzahl

Da die Bilanz eines Unternehmens eine **stichtagsbezogene** Betrachtung der Vermögens- und Schuldpositionen darstellt, kann man aus ihrer Analyse nur bedingt Schlüsse auf die Selbstfinanzierungskraft eines Unternehmens ableiten. Vielmehr bietet sich hier ein Blick in die **periodenbezogene** Gewinn-und-Verlust-Rechnung (GuV) an:

Aktiv	Bilanz	Passiv
Anlagevermögen		Eigenkapital
Umlaufvermögen		Fremdkapital

Soll	GuV	Haben
Aufwendungen		Erträge
Gewinn/Verlust		

In der Gewinn-und-Verlust-Rechnung werden die Aufwendungen und Erträge einer Periode gegenübergestellt und daraus der Jahresüberschuss bzw. Jahresfehlbetrag ermittelt. Unterstellt man, dass der Gewinn nicht an die Gesellschafter ausgeschüttet wird, sondern im Unternehmen verbleibt, so kann man ihn als Selbstfinanzierungsindikator heranziehen. Die **Cash-Flow-Analyse** beschreitet diesen Weg, indem die Selbstfinanzierungskraft aus dem Jahresergebnis abgeleitet wird. Der in der Gewinn-und-Verlust-Rechnung ermittelte Gewinn ist dafür jedoch nur bedingt geeignet, da buchhalterische Maßnahmen den Gewinn „verwässern" können:

Aufwendungen **heute** → Zahlungswirksamkeit **morgen**

Aufwendungen **heute** → Zahlungswirksamkeit **gestern**

Erträge **heute** → Zahlungswirksamkeit **morgen**

Erträge **heute** → Zahlungswirksamkeit **gestern**

Aus dieser Übersicht erkennt man, dass der ermittelte Gewinn nicht zwingend mit der Liquidität (Kassenbestand, Bankguthaben) übereinstimmt, da die Zahlungs- und Ergebniswirksamkeit von Aufwendungen und Erträgen in unterschiedliche Perioden fallen kann. Für die Cash-Flow-Analyse müssen daher die nicht zahlungswirksamen Aufwendungen und Erträge in der Periode (i.d.P.) neutralisiert werden.

	Summe einzahlungswirksame Erträge i.d.P.
+	Summe auszahlungswirksame Aufwendungen i.d.P.
=	Cash-Flow

In der Praxis ist es für den externen Betrachter nicht immer einfach, die Aufwendungen und Erträge auf ihre Zahlungswirksamkeit zu prüfen. In diesem Fall kann der Cash-Flow auch näherungsweise ermittelt werden:

	Jahresüberschuss bzw. Jahresfehlbetrag
+	Abschreibungen auf das Anlagevermögen
+	Erhöhungen der Rückstellungen
=	Cash-Flow

Beispiel 1: Ermittlung des Cash-Flow

Umsatzerlöse:	*2.000 Euro*
- davon in der Periode bar eingenommen:	*1.700 Euro*
Aufwendungen:	*1.200 Euro*
- davon Löhne und Gehälter:	*400 Euro*
- davon Materialkosten:	*600 Euro*
- davon ohne Auszahlungen in der Periode:	*200 Euro*

Wie hoch ist der Cash-Flow in der Periode?

Lösung:

Umsatzerlöse in der Periode:	*1.700 Euro*
abzgl. Aufwendungen in der Periode:	*1.000 Euro*
= Cash-Flow:	*700 Euro*

Dem Unternehmen stehen folglich 700 Euro effektiv aus Umsatzerlösen zur Selbstfinanzierung zur Verfügung.

Beispiel 2

S		GuV	H
Aufwendungen i.d.P.	*100*	*Erträge aus*	
Gewinn	*40*	*Umsatzerlösen i.d.P.*	*150*
	150		*150*

Der Cash-Flow entspricht in diesem Fall genau dem Gewinn (=40), da keine periodenfremden Aufwendungen und/oder Erträge vorhanden sind.

Bewertung des Cash-Flow

Anhand des Cash-Flow kann man erkennen, wie ein Unternehmen in der Lage ist, kurzfristige Verbindlichkeiten zu bedienen oder Investitionen zu tätigen. Ein dynamischer Vergleich des Cash-Flow über mehrere Jahre lässt zudem Schlüsse auf die Unternehmensentwicklung der vergangenen Perioden zu.

Kritik am Cash-Flow

Ein Problem der Cash-Flow-Analyse liegt vor allem in ihrem Vergangenheitsbezug, da die ausgewerteten Daten aus dem vergangenen Geschäftsjahr resultieren. Rückschlüsse auf die zukünftige Entwicklung des Unternehmens können daher aus dem Cash-Flow nur bedingt gewonnen werden.

Wurden in der Vergangenheit hohe Investitionen getätigt, aber im Laufe der Zeit die notwendigen Ersatzinvestitionen unterlassen, könnte die Unternehmung unter Umständen einen hohen Cash-Flow ausweisen. In Wirklichkeit wäre der Cash-Flow nicht so hoch oder sogar negativ, wenn das Unternehmen die Ersatzinvestitionen getätigt hätte.

Des Weiteren erschweren die unterschiedlichen Ermittlungsmethoden des Cash-Flow die Vergleichbarkeit (z.B. bei Branchenvergleichen). Für den externen Betrachter ist nur eine näherungsweise Ermittlung des Cash-Flow aus der Gewinn-und-Verlust-Rechnung möglich, da er eine periodengerechte Zuordnung der Aufwendungen und Erträge nicht vornehmen kann.

⇨ Weitere Aufgaben mit Lösungen in den Abschnitten 7 und 8

3.2.1 Finanzierung aus Gewinnen Selbstfinanzierung (im engeren Sinne)

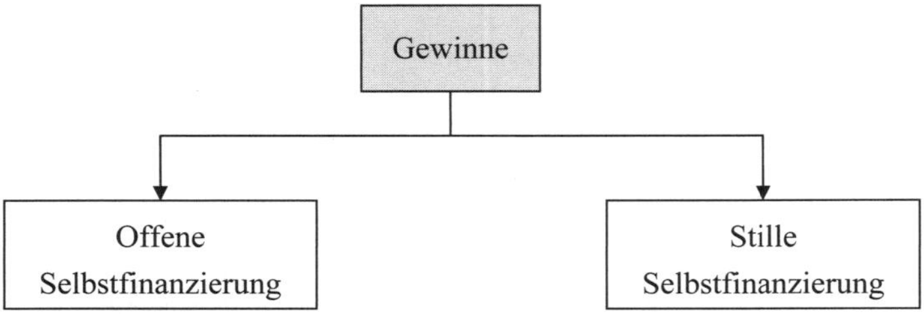

Bei der Finanzierung aus Gewinnen sind zwei Begriffe zu unterscheiden:

1. **tatsächlicher Gewinn**
2. **ausgewiesener Gewinn**

Während der ausgewiesene Gewinn als **Ausschüttungsgrundlage** für die Gesellschafter bzw. als Bemessungsgrundlage für **Steuern** dient, handelt es sich bei dem tatsächlichen Gewinn um eine betriebsinterne Größe, die durch bilanzpolitische Maßnahmen im Rahmen der Bilanzierungsrichtlinien vermindert oder erhöht werden kann. Das Unternehmen hat also einen gewissen Spielraum, wie es die Höhe der offenen und stillen Selbstfinanzierung steuert. Die dadurch eintretenden Effekte sollen in diesem Kapitel erläutert werden.

→ Selbstfinanzierung i.e.S. kann ein Unternehmen nur betreiben, wenn es Gewinne erzielt.

Zunächst soll der Zusammenhang zwischen tatsächlichem und ausgewiesenem Gewinn mit einem *Beispiel* verdeutlicht werden:

Die ABC GmbH erwirtschaftet einen tatsächlichen Gewinn von 100.000 Euro. Durch die Bildung stiller Reserven (= stille Selbstfinanzierung) in Höhe von 20.000 Euro verbleibt ein ausgewiesener Gewinn von 80.000 Euro. Die Gesellschafter beschließen eine Ausschüttung von 70% (= 56.000 Euro). Dem Unternehmen verbleiben 24.000 Euro zur offenen Selbstfinanzierung.

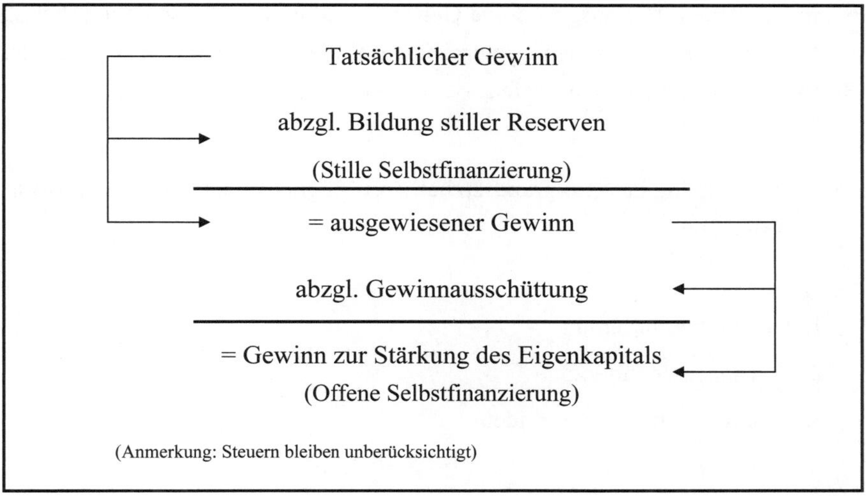

3.2.1.1 Offene Selbstfinanzierung

Als Grundlage für die offene Selbstfinanzierung wird der ausgewiesene Gewinn herangezogen. Sofern keine Ausschüttung an die Gesellschafter erfolgt, verbleibt der ausgewiesene Gewinn abzüglich Steuern vollständig als offene Selbstfinanzierung in der Unternehmung. **Es findet eine Stärkung des Eigenkapitals statt.** Bei der Einbehaltung von Gewinnen spricht man auch von **Gewinnthesaurierung.**

Eine andere Betrachtungsweise ergibt sich, wenn Gewinnausschüttungen vorgenommen werden. Der ausgewiesene Gewinn wird um den Ausschüttungsbetrag vermindert, welcher aus dem Unternehmen abfließt. In diesem Fall steht der Restbetrag abzgl. Steuern als offene Selbstfinanzierung zur Verfügung.

Die Unternehmung hat also grundsätzlich drei Möglichkeiten bei ihrer **Gewinnverwendungspolitik:**

1. Gewinnthesaurierung,
2. Gewinnausschüttung,
3. eine Kombination aus beidem.

3.2.1.1.1 Steuerliche Betrachtung

Die Frage nach der unter steuerlichen Gesichtpunkten optimalen Gewinnentscheidung ist abhängig von der Rechtsform des Unternehmens. Bei Personengesellschaften ist die Entscheidung indifferent, da als Basis die Einkommensteuer (ESt) der Gesellschafter herangezogen wird. Kapitalgesellschaften hingegen unterliegen zunächst auf der Unternehmensebene der Körperschaftsteuer (KSt). Der Körperschaftsteuersatz beträgt seit der Steuerreform 2008 einheitlich 15% (zuvor 25%) und wird unabhängig davon fällig, ob die Gewinne im Unternehmen einbehalten oder an die Gesellschafter ausgeschüttet werden. Mit der Unternehmenssteuerreform 2008 wurden mehrere Maßnahmen verabschiedet, die überwiegend ab 01.01.2009 die steuerliche Behandlung auf eine neue Grundlage stellen. Hierauf wird am Ende dieses Kapitels näher eingegangen.

Der Gewinn nach Abzug der KSt wird **Bardividende** genannt. Die Bardividende unterliegt bei Ausschüttung an die Gesellschafter bis Ende 2008 der Kapitalertragsteuer (KESt) in Höhe von 20%. Hierbei handelt es sich um eine **Steuervorauszahlung**, da die KESt bei der weiteren steuerlichen Veranlagung auf Gesellschafterebene angerechnet wird. Die Bardividende nach Abzug der KESt wird als **Nettodividende** bezeichnet. Die Nettodividende ist derjenige Betrag, der bei Ausschüttung an die Gesellschafter als Kontogutschrift erscheint. Falls bei der Bank ein Freistellungsauftrag erteilt wurde, wird die KESt bis zur Höhe des Sparerfreibetrages[11] nicht berücksichtigt, und die Kontogutschrift entspricht der Bardividende.

Grundsätzlich ist bei KSt, KESt und ESt jeweils noch der Solidaritätszuschlag[12] (SolZ) in Höhe von 5,5% zu berücksichtigen, der sich auf den jeweiligen Steuersatz bezieht.

Das folgende Beispiel illustriert die Besteuerung am Beispiel der Kapitalgesellschaft.

---

[11] Bis zur Höhe des Sparerfreibetrages bleiben Einkünfte aus Kapitalvermögen pro Kalenderjahr steuerfrei.

[12] Der SolZ wurde eingeführt, um die Kosten der deutschen Wiedervereinigung zu finanzieren.

Beispielrechnung [alle Angaben in Euro]

Besteuerung am Beispiel einer Kapitalgesellschaft	
ausgewiesener Gewinn	71.280,07
./. 15% KSt	./. 10.692,01
./. SolZ (5,5% aus 15% KSt)	./. 588,06
= **Bardividende**	60.000,00
./. 20% KESt (bis Ende 2008)	./. 12.000,00
./. SolZ (5,5% aus 20% KESt)	./. 660,00
= **Nettodividende**	47.340,00

Gehen wir bei den folgenden Überlegungen davon aus, dass die Nettodividende in Höhe von 47.340 Euro an drei natürliche Personen als Gesellschafter[13] zu gleichen Teilen ausgeschüttet wird, also jeder 15.780 Euro Dividende als Kontogutschrift erhält. Der Quellenabzug von KESt (+ SolZ) von der Bardividende wirkt hierbei wie eine **Einkommensteuervorauszahlung** und wird bei der Einkommensteuer-Ermittlung der Gesellschafter angerechnet (siehe Zahlenbeispiel auf der nächsten Seite).

Bei der Einkommensteuer ist die Bemessungsgrundlage für die Besteuerung der Gesellschafter allerdings die **Bardividende** (in unserem Beispiel 60.000 Euro, bzw. 20.000 Euro pro Gesellschafter). Diese besteht bis Ende 2008 nach dem **Halbeinkünfteverfahren** je zur Hälfte aus einem steuerfreien und steuerpflichtigen Teil.

In unserem Beispiel würde sich dies wie folgt auswirken:

Steuerfrei (50% v. 20.000 Euro):	**Steuerpflichtig** (50% v. 20.000 Euro):
10.000 Euro	10.000 Euro

13 Ist der Gesellschafter eine juristische Person, sind Ausschüttungen nach § 8b Abs. 1 KStG steuerfrei. Die Steuerfreiheit bezieht sich effektiv jedoch nur auf 95%, da 5% der Ausschüttung einem pauschalen Betriebsausgabenabzugsverbot unterliegen.

Jeder der drei Gesellschafter hätte also von seinen 20.000 Euro Bardividende einen steuerfreien Anteil in Höhe von 10.000 Euro.

Der steuerpflichtige Teil muss dann – im nächsten Schritt – der Einkommensteuer des jeweiligen Gesellschafters unterworfen werden. Wir gehen in unserem Beispiel davon aus, dass jeder Gesellschafter einen anderen persönlichen Einkommensteuersatz hat.

Die Wirkung der verschiedenen Einkommensteuersätze[14] soll folgendes Zahlenbeispiel verdeutlichen [alle Werte in Euro]:

ESt-Satz (des jew. Gesellschafters)	**20%**	**40%**	**45%**
Steueranrechnung KESt + SolZ	4.220,00	4.220,00	4.220,00
./. ESt (v. 10.000 Euro)	./. 2.000,00	./. 4.000,00	./. 4.500,00
./. SolZ (5,5% v. ESt)	./. 110,00	./. 220,00	./. 247,50
= Steuergutschrift / Steuerschuld	2.110,00	0,00	-527,50
+ Dividendenauszahlung	15.780,00	15.780,00	15.780,00
= **Nettodividende** (nach Steuern)	**17.890,00**	**15.780,00**	**15.252,50**

Wenn man nun die Nettodividende nach Steuern mit der Kontogutschrift (15.780 Euro) vergleicht, kann man die Wirkung der verschiedenen persönlichen Einkommensteuersätze analysieren. Bei einem Steuersatz von 40% entspricht die Kontogutschrift der Nettodividende nach Steuern. Bei einem höheren (niedrigeren) Steuersatz ist ceteris paribus (c.p., d.h. alle anderen Randbedingungen bleiben gleich) mit einer Steuernachzahlung (Steuergutschrift) zu rechnen.

[14] Anderweitige Einkünfte, Sonderausgaben, Freibeträge, Kirchensteuer etc. werden in der Beispielrechnung vernachlässigt.

Zur Verdeutlichung sei hier noch eine vereinfachte Grafik ohne Berücksichtigung von SolZ skizziert.

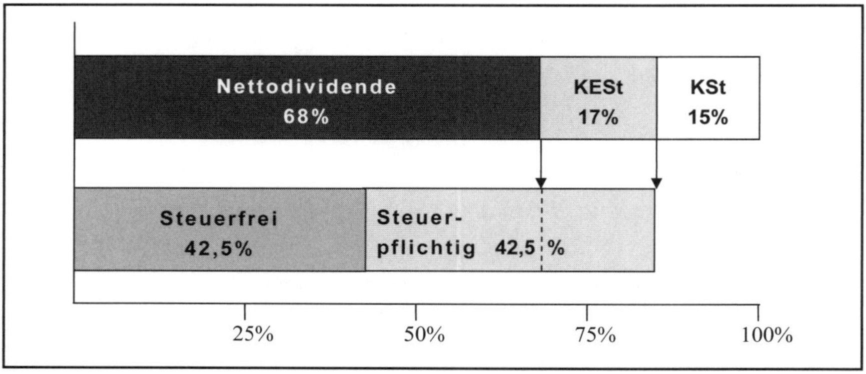

Wie man der Grafik entnehmen kann, wird die Körperschaftsteuer nicht auf das Halbeinkünfteverfahren angerechnet, wohingegen die Kapitalertragsteuer (20% von 85%) mit 17% angerechnet wird.

Aus Sicht der Kapitalgesellschaften führt die Besteuerung zu einer höheren Selbstfinanzierung (Lock-in-Effekt). Kritiker des bisherigen Steuersystems bemängeln jedoch, dass dadurch Alternativanlagen von Seiten der Anleger/ Gesellschafter am i.d.R. effizienteren Kapitalmarkt unterlassen werden und das Kapital daher nicht optimal verwendet wird. Sie plädieren für eine einheitliche Besteuerung thesaurierter und ausgeschütteter Gewinne. Während bei thesaurierten Gewinnen die KSt von 15% abgezogen wird, tritt bei den ausgeschütteten Gewinnen an natürliche Personen **zusätzlich** noch die ESt hinzu.

Für die Anteilseigner bedeutet die höhere Selbstfinanzierung, dass weniger Kapital an sie ausgeschüttet wird. Dafür wird durch die einbehaltenen Gewinne der Firmenwert erhöht, was sich bei Aktiengesellschaften ceteris paribus positiv auf den Aktienkurs auswirken kann. Geringere Einnahmen durch Ausschüttungen können die Anteilseigner also durch Aktienverkäufe kompensieren.

Neuregelung durch die Unternehmenssteuerreform 2008 ab 1.1.2009

Neben der Senkung des KSt-Satz von 25% auf 15% bereits zum 1.1.2008, wird zum 1.1.2009 die Kapitalertragsteuer durch eine Abgeltungssteuer in Höhe von 25% ersetzt. Damit sind alle Kapitalerträge unabhängig vom Einkommensteuersatz des Gesellschafters steuerlich abgegolten. Es handelt sich somit nicht mehr wie bisher um eine Steuervorauszahlung.

Die steuerlichen Auswirkungen sollen wieder anhand der obigen Beispielrechnung demonstriert werden:

Beispielrechnung [alle Angaben in Euro]

Besteuerung am Beispiel einer Kapitalgesellschaft	
ausgewiesener Gewinn	71.280,07
./. 15% KSt	./. 10.692,01
./. SolZ (5,5% aus 15% KSt)	./. 588,06
= **Bardividende**	60.000,00
./. 25% Abgeltungsteuer	./. 15.000,00
./. SolZ (5,5% aus 25% KESt)	./. 825,00
= **Nettodividende**	44.175,00

Gehen wir bei den folgenden Überlegungen wieder davon aus, dass die Nettodividende in Höhe von 44.175,00 Euro an drei natürliche Personen als Gesellschafter[15] zu gleichen Teilen ausgeschüttet wird. Nach dem ab 2009 geltenden Recht erhält jeder 14.725 Euro Dividende als Kontogutschrift.[16] Durch die pauschale Abgeltung ist eine weitere Einkommensteuerveranlagung nicht erforder-

[15] Ist der Gesellschafter eine juristische Person, sind Ausschüttungen nach § 8b Abs. 1 KStG wie bisher steuerfrei. Die Steuerfreiheit bezieht sich effektiv jedoch nur auf 95%, da 5% der Ausschüttung einem pauschalen Betriebsausgabenabzugsverbot unterliegen.

[16] Ein Freistellungsauftrag bis zur Höhe des Sparer-Pauschbetrags (801 Euro bzw. 1.602 Euro bei Zusammenveranlagung) kann wie bisher berücksichtigt werden.

lich. Dennoch gibt es in bestimmten Fällen, beispielsweise für Personen mit einem Grenzsteuersatz unterhalb von 25%, ein Wahlrecht zur Besteuerung mit dem persönlichen Einkommensteuersatz. Das Halbeinkünfteverfahren greift jedoch nicht mehr.

In dem obigen Beispiel könnte der Gesellschafter mit dem persönlichen Steuersatz (als Vereinfachung) von 20% von diesem Wahlrecht Gebrauch machen.

ESt-Satz (des jew. Gesellschafters)	**20%**	**40%**	**45%**
Steueranrechnung AbgeltungSt und SolZ	5.275,00	keine Anrechnung	keine Anrechnung
./. ESt (v. 20.000 Euro)	./. 4.000,00	---	---
./. SolZ (5,5% v. ESt)	./. 220,00	---	---
= Steuergutschrift	1.055,00	---	---
+ Dividendenauszahlung	14.725,00	---	---
= Nettodividende (nach Steuern)	**15.780,00**	**14.725,00**	**14.725,00**

Die Frage, für wen das neue Steuerrecht ab 2009 unter steuerlichen Gesichtspunkten vorteilhaft ist, lässt sich durch dieses stark vereinfachte Beispiel nicht beurteilen. Durch die Senkung des nominalen Körperschaftsteuersatzes soll die Attraktivität des Standortes Deutschland im internationalen Vergleich erhöht werden. Der Abgeltungsteuersatz wird dagegen als recht hoch angesehen. Zudem wird kritisiert, dass die Abgeltungsteuer nicht nur bei Dividenden, sondern auch bei realisierten Kursgewinnen greift. Die bisher geltende Spekulationsfrist von 1 Jahr, nach der anschließend realisierte Kursgewinne steuerfrei waren, wird im Zuge der Unternehmenssteuerreform abgeschafft. Aus Sicht von Privatanlegern kann somit festgehalten werden, dass kurzfristige Investments attraktiver werden, während langfristige, für den Vermögensaufbau vorgesehene Anlagen in Aktien und Fonds, steuerlich gegenüber dem Status Quo an Attraktivität verlieren.

3.2.1.1.2 Rücklagenbildung

Damit die Gesellschafter nicht alle Finanzmittel aus der Unternehmung abziehen, hat der Gesetzgeber – je nach Rechtsform unterschiedliche – Vorschriften zur Bildung von (offenen) Rücklagen erlassen. Durch Rücklagenbildung kann das Unternehmen den Ausschüttungsbetrag verringern und somit Mittel zur Selbstfinanzierung in der Unternehmung binden. Die folgende Übersicht soll die Unterschiede zwischen den verschiedenen Rechtsformen verdeutlichen:

AG	GmbH	Personengesellschaft
1. Gesetzliche Rücklage (mind. 10% des Grundkapitals) 2. Rücklage für eigene Anteile 3. Satzungsmäßige Rücklagen 4. Andere Gewinnrücklagen (laut Beschluss der Hauptversammlung)	1. Einstellung in Gewinnrücklagen und/oder 2. Ausweis eines Gewinnvortrages → Beschluss gemäß Gesellschafterversammlung, gesetzlichen Bestimmungen oder Gesellschaftsvertrag[17]	Dispositives Recht[18] der Gesellschafter: 1.) Bestimmungen sind im Gesellschaftsvertrag geregelt oder 2.) Gesetzliche Regelungen gemäß § 121 HGB für OHG oder § 168 HGB für KG → Verbuchung auf Kapitalkonten der Gesellschafter

17 Vgl. § 29 GmbHG.

18 Dispositives Recht = rechtlich vorgeschriebene Regelung, welche durch die daran Beteiligten geändert werden kann (z.B. durch Gesellschaftsvertrag).

3.2.1.2 Stille Selbstfinanzierung / Stille Reserven

Stille Reserven entstehen z.B. durch Unterbewertung von Vermögensgegenständen (Aktiva) oder Überbewertung von Schulden (Passiva). Man unterscheidet zwischen externen Effekten (z.B. Wertsteigerungen von Aktien, Gebäuden, etc.) und internen (→ von der Geschäftsführung aufgrund von Bilanzierungsmöglichkeiten verursachten) Effekten.

Beispiele

1. *Wertpapiere haben einen höheren Börsenwert als in der Bilanz zugrunde gelegt (Niederstwertprinzip),*
2. *Grundstücke und Gebäude werden zum Anschaffungswert aktiviert, erlebten im Laufe der Zeit aber eine Wertsteigerung,*
3. *Eine Rückstellung wurde nach dem Vorsichtsprinzip höher bewertet als es der tatsächlichen Verbindlichkeit entspricht,*
4. *Nichtaktivierung aktivierungsfähiger Wirtschaftsgüter.*

Stille Reserven bzw. Rücklagen werden nicht in der Bilanz ausgewiesen und erst bei ihrer Realisierung offenkundig. Es kann sich daher ein enormes „verdecktes" Finanzierungspolster ergeben. Stille Reserven verringern den ausgewiesenen Gewinn und damit die Steuergrundlage, wohingegen die offene Selbstfinanzierung stets aus dem Gewinn nach Steuern resultiert. Aus diesem Grund kann mit der stillen Selbstfinanzierung der größere Finanzierungseffekt erzielt werden.

Beispiel: Anschaffung von Aktien der ABC AG, Kurswert 100.000 Euro

	t_0	t_1	t_2	t_3
Anschaffung Aktien	100.000	---	---	---
Bilanzwert	---	100.000	90.000	90.000
Kurswert	100.000	90.000	120.000	115.000
Stille Reserve	---	---	30.000	25.000
Veräußerungserlös	---	---	---	115.000

[alle Werte in Euro]

In der Bilanz wird der Anschaffungswert (100.000 Euro) aktiviert. Am Bilanzstichtag in t_1 hat sich der Kurswert der Aktien auf 90.000 Euro reduziert. Aufgrund des (strengen) Niederstwertprinzips müssen 10.000 Euro außerplanmäßig abgeschrieben werden. In t_2 steigt der Kurs auf 120.000 Euro an, so dass stille Reserven in Höhe von 30.000 Euro entstehen (der Bilanzansatz bleibt wegen dem strengen Niederstwertprinzip bei 90.000 Euro). Am Veräußerungstag liegt der Kurswert der Aktien dann insgesamt bei 115.000 Euro. Es wurde somit ein außerordentlicher Ertrag in Höhe von 25.000 Euro erwirtschaftet.

→ *Hätte das Unternehmen den tatsächlichen Kurswert der Zeitperioden in der Bilanz aktiviert, so wäre in t_2 ein höherer Gewinn in der Gewinn-und-Verlust-Rechnung ausgewiesen worden. Durch den geringeren Gewinnausweis spart das Unternehmen Steuern. Es handelt sich also um eine Steuerstundung zwischen t_2 und t_3.*

Interessenskonflikt bei stillen Reserven

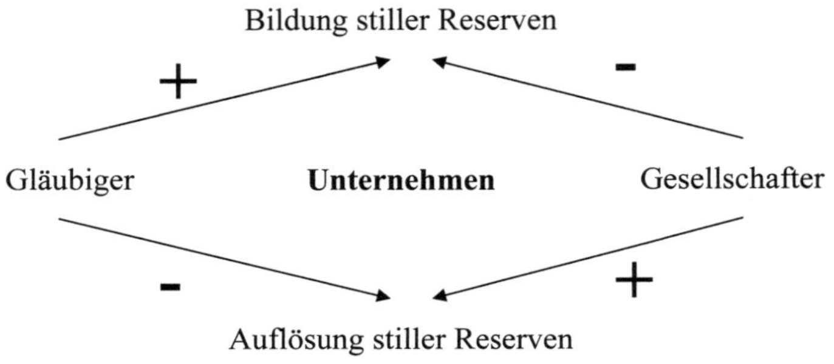

Das Unternehmen befindet sich bei der Bildung stiller Reserven in einem Spannungsfeld zwischen Gläubigern und Anteilseignern. Die Gläubiger-Seite sieht in hohen stillen Reserven eine Absicherung ihrer Forderungen bzw. auch eine Verbesserung der Kreditwürdigkeit, während die Anteilseigner damit eine Reduzierung des Gewinns und somit auch des Ausschüttungsvolumens verbinden. Ein weiterer Kritikpunkt liegt darin, dass die tatsächliche Lage des Unternehmens durch Bildung (z.B. Gewinnreduzierung) oder Auflösung (z.B. Ausgleich eines Betriebsverlustes) von stillen Reserven verschleiert werden kann.

Weitere Aufgaben mit Lösungen in den Abschnitten 7 und 8

3.2.1.3 Beurteilung der Selbstfinanzierung

Aus Sicht des Unternehmens bietet die Selbstfinanzierung viele Vorteile:

- Unabhängigkeit vom Kapitalmarkt,
- keine Änderung in der Gläubigerstruktur,
- keine Zinszahlungen für Kredite bzw. keine Bindung an Rückzahlungstermine, was sich positiv auf die Liquiditätslage auswirkt,
- steuerliche Vorteile bei der stillen Selbstfinanzierung (→ Steuerstundung),
- keine Abhängigkeit von Fremdkapitalgebern (→ unternehmerische Unabhängigkeit wird gewahrt),
- durch Stärkung des Eigenkapitals bzw. hohe stille Reserven steigt die Kreditwürdigkeit des Unternehmens,
- Mehrung der Substanz, was das Unternehmen unanfälliger für Krisen macht.

Ein Trugschluss ist es jedoch, davon auszugehen, dass Selbstfinanzierung kostenlos ist. Man muss auch hier die Opportunitätskosten einer Alternativinvestition in der Kalkulation berücksichtigen. Kann das Kapital außerhalb der Unternehmung zu einer höheren Rendite angelegt werden, so ist eine Ausschüttung des Gewinns sinnvoller als ein Verbleib im Unternehmen.

3.2.1.4 Gewinnverwendungspolitik

Die Frage nach der Gewinnverwendung stellt die Unternehmung vor eine Herausforderung. Wie kann der Gewinn optimal ausgeschüttet werden? Soll überhaupt eine Ausschüttung vorgenommen werden oder kann das Geld innerhalb der Unternehmung vorteilhafter verwendet werden? Zur Beantwortung dieser Frage muss man zunächst die möglichen Strategien klären:

Zum einen besteht die Möglichkeit zur **Vermögensmaximierung**. Der Gedanke, der hinter dieser Strategie steht, lässt sich recht einfach erklären: Ziel ist die Endwertmaximierung des Unternehmens, so dass sich hieraus ableiten lässt, dass möglichst wenig an die Gesellschafter ausgeschüttet wird, um den Firmenwert im Laufe der Zeit zu erhöhen. Die Eigenkapitalbasis des Unternehmens wird gestärkt, was sich positiv auf die Kreditwürdigkeit auswirkt.

Eine andere Möglichkeit bietet die **Einkommensmaximierung**. Hier soll möglichst viel ausgeschüttet werden, um das Einkommen der Gesellschafter zu erhöhen. Im Unternehmen werden nur die benötigten Mittel gebunden, was sich allerdings negativ auf die Kreditwürdigkeit auswirkt und das Unternehmen krisenanfälliger macht.

Konflikte können jedoch entstehen, wenn es eine Trennung zwischen Geschäftsführung und Gesellschaftern gibt. Während die Gesellschafter in der Regel an einer hohen Dividende interessiert sind, möchte die Geschäftsführung so viel Kapital wie möglich in der Unternehmung behalten. Hier gibt es zumindest bei den Kapitalgesellschaften gewisse gesetzliche Rahmenbedingungen:

In der GmbH beispielsweise entscheidet die Gesellschafterversammlung über die Gewinnverwendung.[19]

Bei der Aktiengesellschaft bestehen ähnliche Konflikte wie bei der GmbH. Hier ist nach § 58 AktG der Gewinnanspruch der Aktionäre begrenzt. Und obwohl bei Aktiengesellschaften die Hauptversammlung über die Verwendung des Bilanzgewinns[20] entscheidet, ist es faktisch der Aufsichtsrat, der einen Vorschlag unterbreitet, dem dann nur noch zugestimmt wird.[21] An der Zusammenstellung des Aufsichtsrates (Arbeitgeber/Anteilseigner einerseits und Arbeitnehmer andererseits) wird ersichtlich, dass verschiedene Interessen bei der Dividendenentscheidung berücksichtigt werden müssen.[22]

---

19 Vgl. § 29 GmbHG.

20 Der Bilanzgewinn wird aus dem Jahresüberschuss abgeleitet.

21 Vgl. §§ 58 II, 172, 174 AktG.

22 Neben den bereits auf Seite 53 erwähnten gesetzlichen Bestimmungen zur Rücklagenbildung.

In der Praxis kann man zwei Prinzipien unterscheiden:[23]

1. **Grundsatz stabiler Dividenden:** hierbei wird Dividendenkontinuität angestrebt. Man orientiert sich am langfristig ausgerichteten Anleger, dem eine stabile Dividende wichtig ist, und der extreme Kursschwankungen seiner Aktien meidet (→ risikoscheuer Anleger).
2. **Grundsatz der gewinnabhängigen Dividende:** die Dividende wird dem Gewinn angepasst. Der Aktionär soll also am Erfolg oder Misserfolg des Unternehmens direkt partizipieren.

Abschließend bleibt festzuhalten, dass die Gewinnverwendungsentscheidung von steuerlichen Aspekten, von den individuellen Präferenzen der Anteilseigner und den Interessen der Geschäftsführung abhängt.

3.2.2 Finanzierung aus Abschreibungen

Einen speziellen Finanzierungseffekt bieten unter bestimmten Voraussetzungen auch Abschreibungen. Eine betriebswirtschaftliche Begründung für Abschreibungen liegt darin, dass Güter des Anlagevermögens einem regelmäßigen Werteverzehr (Abschreibung = Absetzung für Abnutzung) unterliegen und daher nach ihrer Nutzungsdauer in der Regel ersetzt werden müssen (zumindest wenn die Fortführung des Geschäftsbetriebes unterstellt wird). Man spricht in diesem Zusammenhang auch von Ersatzinvestitionen.

→Abschreibungen spiegeln buchhalterisch die Absetzung für Abnutzung (AfA) wider. Als Aufwendung, die nicht ausgabenwirksam wird, bewirkt die AfA die Ansammlung liquider Mittel, durch die Ersatzinvestitionen finanziert werden können, sofern die Abschreibungsgegenwerte durch Umsatzerlöse erwirtschaftet werden.

---

[23] Vgl. Thommen/Achleitner, Allgemeine Betriebswirtschaftslehre, 2006.

In einem einfachen Modell werden folgende **Prämissen** unterstellt:

1. Die Erstinvestition muss durch Eigenkapital finanziert werden.
2. Der Abschreibungsaufwand muss in die Preise eingerechnet und über die Umsatzerlöse „verdient" werden.
3. Kosten und Kapazität der Ersatzinvestition sind mit der Erstinvestition identisch; technischer Fortschritt fließt nicht in die Betrachtung mit ein.
4. Die geplante Nutzungsdauer für die Abschreibung entspricht der tatsächlichen Nutzungsdauer der Maschine.

Beispiel 1

Kauf einer Maschine zum Anschaffungspreis 10.000 Euro, Nutzungsdauer 5 Jahre, lineare Abschreibung.

Aus diesen Daten erhalten wir folgende Zahlungsreihe:[24]

	t_0	t_1	t_2	t_3	t_4	t_5
Anschaffung	*-10.000*	---	---	---	---	*-10.000*
Abschreibung		*2.000*	*2.000*	*2.000*	*2.000*	*2.000*
Kumuliert		*2.000*	*4.000*	*6.000*	*8.000*	*10.000*

[alle Beträge in Euro]

Aus diesem vereinfachten Beispiel (nur 1 Maschine) kann man erkennen, dass aus den kumulierten Abschreibungen am Ende der Nutzungsdauer eine Ersatzinvestition finanziert werden kann. Im Zeitpunkt t_0 liegt die Erstanschaffung der Maschine, die einen Aufwand mit Ausgabenentsprechung darstellt. Von Zeitpunkt t_1 bis t_5 wird die Maschine planmäßig linear abgeschrieben. **Die Abschreibung stellt einen Aufwand ohne Ausgabenentsprechung dar.** Erst in t_5 wird eine Ersatzinvestition aus den kumulierten Abschreibungen getätigt.

---

24 t_0 = Beginn des ersten Zeitabschnitts; t_1 = Ende des ersten Zeitabschnitts.

Sofern die Abschreibungen über Umsatzerlöse verdient werden, stehen sie dem Betrieb bis zum Ende der Nutzungsdauer als liquide Mittel zur Verfügung. Diese Wirkung nennt man **Kapitalfreisetzungseffekt.**

Beispiel 2

Anschaffung von 4 Maschinen zu je 10.000 Euro, Nutzungsdauer 4 Jahre, lineare Abschreibung. Pro Jahr wird jeweils 1 Maschine beschafft.

	t_0	t_1	t_2	t_3	t_4	t_5	t_6
Auszahlung	*10.000*	*10.000*	*10.000*	*10.000*			
Abschreibung		*2.500*	*2.500* *2.500*	*2.500* *2.500* *2.500*	*2.500* *2.500* *2.500* *2.500*	*2.500* *2.500* *2.500* *2.500*	*2.500* *2.500* *2.500* *2.500*
jährliche Abschr.		*2.500*	*5.000*	*7.500*	*10.000*	*10.000*	*10.000*
liquide Mittel		*2.500*	*7.500*	*15.000*	*25.000*	*25.000*	*25.000*
Bestand	*1*	*2*	*3*	*4*	*4*	*4*	*4*
Abgänge	---	---	---	---	*1*	*1*	*1*
Zugänge	*1*	*1*	*1*	*1*	*1*	*1*	*1*
Reinvestition	---	---	---	---	*10.000*	*10.000*	*10.000*
Kapitalfreisetzung	---	*2.500*	*7.500*	*15.000*	*15.000*	*15.000*	*15.000*

[alle Beträge in Euro]

In den ersten 4 Perioden werden jeweils 10.000 Euro an externem Kapital benötigt, um die Erstinvestitionen tätigen zu können. In t_4 muss die erste Maschine erneuert werden, in t_5 die zweite usw. Wir sprechen in diesem Fall von Reinvestitionen.[25] *Ab t_4 ist der jährliche Abschreibungsbetrag und der Kapitalbedarf für die Reinvestition identisch (10.000 Euro).*

Die Abschreibungsbeträge von t_1 bis t_3 werden daher für die Reinvestition nicht benötigt und stellen das freigesetzte Kapital dar.

---

[25] Vgl. Ruchti, Die Abschreibung, 1953, S. 110 ff.

Neben dem in den Beispielen erläuterten Kapitalfreisetzungseffekt können Abschreibungen auch für die Erweiterung der Periodenkapazität eingesetzt werden. Dies nennt man **Kapazitätserweiterungseffekt oder Lohmann-Ruchti-Effekt.** Es handelt sich hierbei letztendlich um eine Wiederanlage des freigesetzten Kapitals, indem die Neuinvestition nicht durch Fremdkapital oder Eigenkapital, sondern aus der fortlaufenden Investition der Abschreibungsbeträge getätigt wird. Dieser Effekt wird in den nachstehenden Beispielen erläutert.

Beispiel 2a

Greifen wir zunächst die Daten aus Beispiel 2 auf:

Anschaffung von 4 Maschinen zu je 10.000 Euro, Nutzungsdauer 4 Jahre, lineare Abschreibung. Die Anschaffung der 4 Maschinen erfolgt gleichzeitig.

Jahre	*Maschinen-Bestand*	*Gesamtwert Anlagen*	*Summe Abschreibungen*	*Reinvestition*	*Abschreibungsrest (kumuliert)*
1	*4*	*40.000*	*10.000*	*10.000*	*–*
2	*5*	*40.000*	*12.500*	*10.000*	*2.500*
3	*6*	*37.500*	*15.000*	*10.000*	*7.500*
4	*7*	*32.500*	*17.500*	*20.000*	*5.000*
5	*5*	*35.000*	*12.500*	*10.000*	*7.500*
6	*5*	*32.500*	*12.500*	*20.000*	*0*
7	*6*	*40.000*	*15.000*	*10.000*	*5.000*
8	*6*	*35.000*	*15.000*	*20.000*	*0*
9	*6*	*40.000*	*15.000*	*10.000*	*5.000*
10	*6*	*35.000*	*15.000*	*20.000*	*0*
11	*6*	*40.000*	*15.000*	*10.000*	*5.000*
12	*6*	*35.000*	*15.000*	*20.000*	*0*

[alle Beträge in Euro]

Durch die ständige Reinvestition der Abschreibungsbeträge kann die Kapazität (Maschinenbestand) erheblich erweitert werden (in obigem Beispiel von 4 auf 6 Maschinen).

Beispiel 3

Anschaffung von 10 Maschinen zu je 10.000 Euro, Nutzungsdauer 5 Jahre, lineare Abschreibung. Die Anschaffung der 10 Maschinen erfolgt wiederum gleichzeitig.

Jahre	Maschinen-Bestand	Gesamtwert Anlagen	Summe Abschreibungen	Reinvestition	Abschreibungsrest (kumuliert)
1	10	100.000	20.000	20.000	–
2	12	100.000	24.000	20.000	4.000
3	14	96.000	28.000	30.000	2.000
4	17	98.000	34.000	30.000	6.000
5	20	94.000	40.000	40.000	6.000
6	14	94.000	28.000	30.000	4.000
7	15	96.000	30.000	30.000	4.000
8	16	96.000	32.000	30.000	6.000
9	16	94.000	32.000	30.000	8.000
10	16	92.000	32.000	40.000	–
11	16	100.000	32.000	30.000	2.000
12	16	98.000	32.000	30.000	4.000

[alle Beträge in Euro]

In diesem Beispiel kann die Kapazität (Maschinenbestand) von 10 auf 16 (um Faktor 1,6) erhöht werden. Den Faktor, um den sich der Anlagenbestand erhöht, nennt man auch Kapazitätserweiterungsmultiplikator (KEM).

Die Kapazität kann (theoretisch) maximal verdoppelt werden, wenn einerseits viele Maschinen im Bestand sind und andererseits die Nutzungsdauer gegen unendlich strebt.

Für den Kapazitätserweiterungseffekt müssen zusätzlich zu den bereits erwähnten Annahmen folgende Prämissen vorausgesetzt werden:

1. Fortlaufende Investierung der Abschreibungsmittel.
2. Die Anlagegüter sind homogen (gleicher Typ).

Die praktische Bedeutung des Kapazitätserweiterungseffekts darf jedoch nicht überschätzt werden. Es wird von Prämissen ausgegangen, die in der Realität nicht oder nur zum Teil anzutreffen sind. Weitere Probleme könnten sein:

1. Der Kapazitätserweiterung muss auch eine entsprechende Nachfrage entgegenstehen.
2. Der starke Einbruch bei der Kapazität nach Ablauf der Nutzungsdauer der Erstinvestitionen könnte Lieferprobleme mit sich bringen.
3. Kapazitätserweiterungen bedingen i.d.R. einen Anstieg des Umlaufvermögens (durch Mehrung von Roh-, Hilfs-, Betriebsstoffen o.ä.), der ebenfalls finanziert werden muss.

⇨ Weitere Aufgaben mit Lösungen in den Abschnitten 7 und 8

Hinweis

Auf die Darstellung der verschiedenen Abschreibungsformen wird in diesem Buch verzichtet. Zum besseren Verständnis haben wir uns auf die lineare Abschreibung (der beschriebene Finanzierungseffekt tritt auch bei den anderen Abschreibungsformen auf) konzentriert.

3.2.3 Finanzierung aus Rückstellungen

Ähnlich wie Abschreibungen können auch Rückstellungen zu einem Finanzierungseffekt führen. Rückstellungen sind nach § 249 Abs. 1 HGB für Forderungen gegen das Unternehmen zu bilden, deren **Höhe und/oder Fälligkeitszeitpunkt ungewiss** ist. Aus diesem Grund werden Rückstellungen auf der Passiv-Seite der Bilanz dem Fremdkapital zugeordnet. Dies ist insofern nachvollziehbar, da sich hinter den Rückstellungen i.d.R. Verbindlichkeiten (= Fremdkapital) verbergen.

Man unterscheidet zwischen:

a) *kurzfristigen*
(z.B. Steuerrückstellungen oder Rückstellungen für unterlassene Instandhaltung),

b) *mittelfristigen*
(z.B. Rückstellungen aus schwebenden Geschäften oder für Garantieverpflichtungen) und

c) *langfristigen* Rückstellungen
(z.B. Pensionsverpflichtungen).[26]

> → Die Bildung der Rückstellung stellt einen Aufwand in der Periode dar, wobei die entsprechende Auszahlung erst am Fälligkeitstag stattfindet.

Aufwendungen heute → Zahlungswirksamkeit morgen

Falls die Höhe der Forderung unbekannt ist, muss der Rückstellungsbetrag geschätzt werden. Der zu buchende Rückstellungsaufwand mindert den steuerpflichtigen Gewinn (sofern steuerlich anerkannt) bzw. auch die eventuelle Gewinnausschüttung an die Gesellschafter. Wird die Rückstellung am Fälligkeitstag aufgelöst, ergeben sich folgende Möglichkeiten:

---

26 Vgl. Janberg, Finanzierungshandbuch, 1970, S. 325 ff.

1.) Rückstellung war zu hoch angesetzt: In diesem Fall stellt der Mehrbetrag einen außerordentlichen Gewinn dar, welcher versteuert werden muss. Für den Mehrbetrag ergibt sich also eine **Steuerstundung.**

2.) Rückstellung war zu niedrig angesetzt: Der Minderbetrag wird als außerordentlicher Aufwand verbucht und mindert den steuerpflichtigen Gewinn bzw. die ausschüttbare Masse.

3.) Rückstellung entspricht exakt der fälligen Forderung.

Wird die Rückstellung **absichtlich** zu hoch bewertet, so kann man auch von stillen Reserven[27] sprechen. Der Finanzierungseffekt ist wie unter 1.) „überhöhte Rückstellungen" zu sehen.

Der Finanzierungseffekt von Rückstellungen besteht folglich darin, dass Bildung und Auflösung zeitlich auseinander fallen. Je länger der zeitliche Abstand zwischen Bildung und Auflösung liegt, desto größer wird der Finanzierungseffekt. Aus diesem Grund nehmen die (langfristigen) **Pensionsrückstellungen** eine besondere Bedeutung ein, wohingegen die kurz- bis mittelfristigen Rückstellungen eine untergeordnete Rolle spielen. Bei diesen kann sich aber bei ständig wiederkehrenden Rückstellungen (z.B. Steuerrückstellungen) ein *Bodensatz* bilden, der dem Betrieb langfristig zur Verfügung steht.

3.2.3.1 Pensionsrückstellungen

Unternehmen können im Rahmen der betrieblichen Altersvorsorge ihren Arbeitnehmern Pensionszusagen geben. Während der Tätigkeitsdauer des Arbeitnehmers werden Kapitalbeträge angesammelt (zurückgestellt) und nach Erreichung des Versorgungsalters entweder verrentet (= Auszahlung erfolgt in regelmäßigen Raten im Rentenalter) oder als einmalige Kapitalleistung ausgezahlt.

---

[27] Vgl. Kapitel 3.2.1.2 Stille Selbstfinanzierung.

Pensionsrückstellungen stellen buchhalterisch Personalaufwendungen dar und müssen nach den Grundsätzen ordnungsmäßiger Buchführung (GoB) in der Bilanz passiviert werden. Bei einer Insolvenz des Unternehmens erfolgt eine teilweise Absicherung der Arbeitnehmer durch den Pensionssicherungsverein.[28]

Wie werden Pensionsrückstellungen gebildet?

Die zukünftig zu entrichtenden Pensionsanwartschaften müssen auf den Anfangszeitpunkt t_0 abgezinst werden, um den Barwert[29] zu erhalten. Die Barwertermittlung erfolgt mit dem gesetzlichen Mindestzinsfuß von z.Zt. 6% p.a. Zur Errechnung der Pensionsanwartschaften werden versicherungs-mathematische Verfahren angewendet, auf die hier nicht näher eingegangen werden soll.

Wirkung der Pensionsrückstellungen

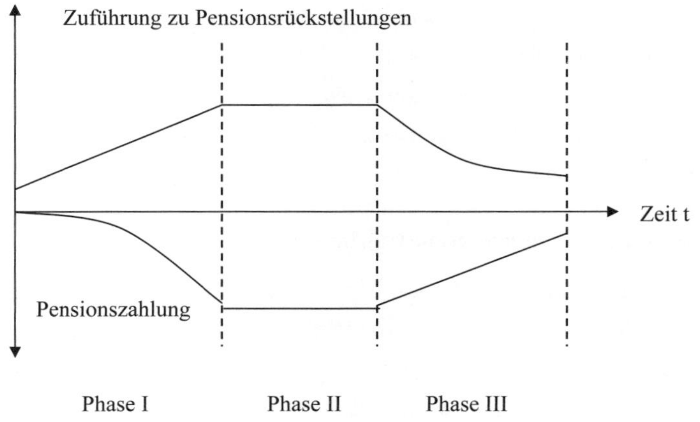

[28] Der PSV ist eine 1974 gegründete Selbsthilfeeinrichtung der deutschen Wirtschaft. Geschäftsführer sind hierdurch nicht geschützt.

[29] Der Barwert (Present Value) errechnet sich aus den auf den Zeitpunkt Null abdiskontierten zukünftigen Zahlungsströmen. Die Berechnungsformel ist analog derjenigen des Kapitalwertes, lediglich die Anfangsinvestition wird hierbei nicht berücksichtigt.

Grundsätzlich lassen sich **3 Phasen** unterscheiden:

Phase I: Rückstellungsbildung > Pensionszahlung

In Phase I kann z.B. aufgrund einer Unternehmensgründung oder eines wirtschaftlichen Booms ein starker Anstieg der Pensionszuführungen gegeben sein. Dadurch, dass mehr Arbeitnehmer eingestellt werden als in den Ruhestand treten, übersteigt die Rückstellungsbildung die Pensionszahlung. Der Finanzierungseffekt nimmt zu.

Phase II: Rückstellungsbildung = Pensionszahlung

Hier besteht ein Gleichgewicht zwischen Rückstellungsbildung und Pensionszahlung. Der Finanzierungseffekt bleibt konstant.

Phase III: Rückstellungsbildung < Pensionszahlung

Diese Phase könnte z.B. durch eine Rezession gekennzeichnet sein. Das Unternehmen muss höhere Pensionszahlungen vornehmen als ihre Zuführung zu den Rückstellungen. Der Finanzierungseffekt ist negativ und muss durch die Umsatzerlöse finanziert werden.

→ Pensionsrückstellungen werden in der Literatur aufgrund ihrer langfristigen Finanzierungswirkung auch als **langfristiges Fremdkapital** bezeichnet und wirken wie Eigenkapital.

Beurteilung der Pensionsrückstellungen

Als Baustein der betrieblichen Altersvorsorge kommt den Pensionsrückstellungen (noch) eine überragende Stellung zu, was an der starken steuerlichen Begünstigung liegt. Durch den Finanzierungseffekt verbleiben die Gelder im Unternehmen und können für Investitionen genutzt werden. Allerdings kommt es zu Problemen, wenn die Rückstellungsbildung kleiner als die Pensionszahlungen ist (Phase III). Den Rückstellungen steht dann ein enormer Auszahlungsstrom gegenüber, der durch Umsatzerlöse finanziert sein will. In diesem Fall wird der Finanzierungseffekt negativ.

Dieser **negative Finanzierungseffekt** kann mehrere Ursachen haben:

1.) Durch massiven Stellenabbau verschlechtert sich die Rate Arbeitnehmer/Pensionsempfänger.

2.) Die Anlage der Pensionsrückstellungen durch das Unternehmen erbrachte eine niedrigere Rendite als die den Pensionären zu garantierenden 6% p.a. (gesetzlicher Mindestzinsfuß), wodurch ein Finanzierungsloch entsteht.

3.) Auflösung des Unternehmens, wobei die Pensionsverpflichtungen weiterhin bestehen bleiben.

4.) Die demographische Entwicklung in Deutschland wirkt sich auch auf die Unternehmen aus.[30]

Aus diesem Grund nimmt die Bedeutung von alternativen betrieblichen Vorsorgeprodukten zu. Hierzu zählen:

1.) Pensionskassen

2.) Direktversicherungen

3.) Unterstützungskassen

4.) Altersvorsorgefonds

Das Problem der Kapital-Unterdeckung kann durch diese Alternativen verhindert werden. Außerdem werden die Pensionsverpflichtungen an externe Unternehmen weitergegeben (z.B. Versicherungen).

[30] Sofern die Pensionsverpflichtungen aus den Umsatzerlösen getätigt werden.

3.3 Finanzierung aus Vermögensumschichtungen

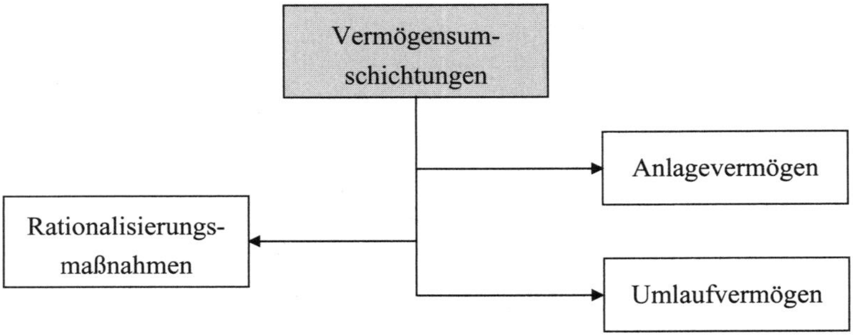

Das Prinzip der Finanzierung aus Vermögensumschichtungen ist relativ einfach: Das investierte Kapital wird zugunsten der Liquidität aufgelöst. Um diesen Prozess beurteilen zu können, wenden wir uns zunächst den einzelnen Möglichkeiten zu.

3.3.1 Rationalisierungsmaßnahmen

Per Definition sind Rationalisierungsmaßnahmen auf das Ziel gerichtet, mit weniger Produktionsfaktoren (Arbeit, Kapital, Boden, Betriebsmittel, Werkstoffe)[31] entweder die Produktivität beizubehalten oder sie zu erhöhen. Die geringere Bindung des Kapitals durch die Produktionsfaktoren kennzeichnet den Finanzierungseffekt. In der Regel sind Rationalisierungsmaßnahmen zunächst mit Anfangskosten (z.B. Investition in eine neue Maschine, Abfindungen bei Personalreduktion, etc.) verbunden.

[31] Nach Erich Gutenberg.

Beispiele

- *Durch eine neue Computer-Anlage kann die Logistik effizienter (Personaleinsparung und/oder Erhöhung des Durchsatzes) betrieben werden.*
- *Automatisierungen des Herstellungsprozesses.*
- *Prozessoptimierung durch Mitarbeiter-Ideen.*
- *Einsparung von Lagerhaltungskosten durch Just-In-Time-Methode*[32]*.*

Diese Beispiele führen zu zwei Effekten:

1. Steigerung der **Produktionseffizienz**
2. **Aufwandsreduktion** (z.B. Personalaufwand, Materialaufwand)

Aufgrund effizienterer Produktionsprozesse kann es zu einer Kapitalfreisetzung im Umlaufvermögen kommen. Diese Mittel können für Investitionen oder zur Reduktion von Fremdkapital genutzt werden. Kommt es zu einer rentablen Wiederanlage, kann der Gewinn gesteigert werden.

[32] JIT-Methode = direkte Weiterverarbeitung der gelieferten Zwischenprodukte ohne Einrichtung eines Lagers.

Die Aufwandsreduktion spiegelt sich in der Gewinn-und-Verlust-Rechnung des Unternehmens wider, so dass sich der Gewinn erhöht. Der Finanzierungseffekt hängt nun damit zusammen, was mit dem Gewinn geschieht.

→ Beide Effekte sind nicht unbedingt klar voneinander zu trennen, sondern können sich auch gegenseitig bedingen (Bsp.: die JIT-Methode führt sowohl durch Einsparung von Lagerplatz zu einer Verringerung des Umlaufvermögens als auch zu einer Reduktion des Personalaufwands).

Rationalisierungseffekte am Beispiel der JIT-Methode

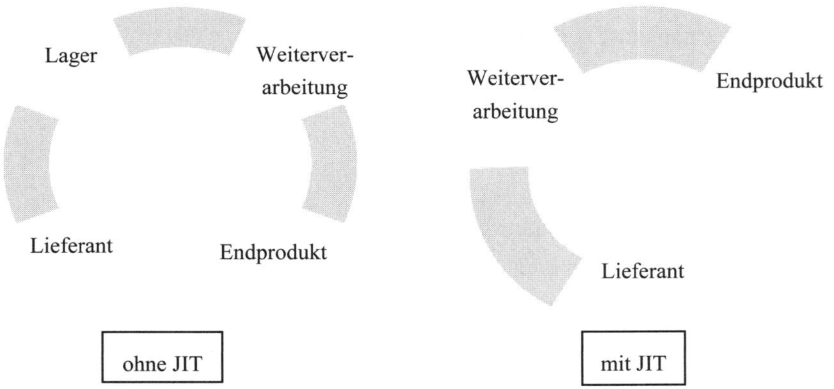

3.3.2 Anlage- und Umlaufvermögen

Das Anlagevermögen befindet sich auf der Aktiv-Seite der Bilanz und beinhaltet z.B. Grundstücke, Gebäude, Fuhrpark, Maschinen. Es dient zur Erfüllung des Betriebszweckes. Bei Liquiditätsengpässen können durch die Veräußerung von Anlagevermögen dem Betrieb flüssige Mittel zugeführt werden. Problematisch wird die Veräußerung, wenn dadurch der Betriebszweck gefährdet wird. Eine besondere Variante bietet hierbei das **„Sale-and-lease-back"-Verfahren**.

„Sale-and-lease-back"-Verfahren[33]

Wie der Name schon sagt, werden bei diesem Verfahren Gegenstände des Anlagevermögens an eine Leasinggesellschaft veräußert und direkt wieder angemietet. Der Vorteil liegt darin, dass dem Betrieb liquide Mittel zufließen, das Nutzungsrecht allerdings bestehen bleibt und somit die Betriebsexistenz gewährleistet ist. Die Leasingraten belasten aber die zukünftige Liquiditätsplanung der Unternehmung und müssen bei der Finanzplanung einkalkuliert werden.

Umschichtungen des Anlagevermögens ermöglichen außerdem die Auflösung stiller Reserven.[34] Der Finanzierungseffekt wird dann um die zu entrichtenden Gewinnsteuern verringert.

→ Veräußerungen von Teilen des Anlagevermögens (AV) und Umlaufvermögens (UV) führen zu einem Aktivtausch.

[33] Siehe hierzu auch Kapitel 4.3.5.7.

[34] Vgl. dazu Kapitel 3.2.1.2 Stille Selbstfinanzierung.

Anlage- und Umlaufvermögen in der Bilanz

	Aktiva	**Bilanz**	**Passiva**
Anlagevermögen	Grundstücke	Eigenkapital	
	Gebäude	Fremdkapital	
	Maschinen		
Umlaufvermögen	Warenvorräte		
	Forderungen		
	Kassenbestand		

Im Gegensatz zum Anlagevermögen, das dem Betrieb langfristig zur Verfügung steht, verbleibt das **Umlaufvermögen** nur kurzfristig in der Unternehmung. Zum Umlaufvermögen gehören u.a. Warenvorräte, Forderungen und der Kassenbestand. Durch die Kurzfristigkeit ist auch der Finanzierungseffekt von kurzfristiger Natur. Allerdings kann sich aufgrund der Volumina im Umlaufvermögen ein großes kurzfristiges Finanzierungspotential aufbauen. Eine besondere Bedeutung spielt hierbei das **Factoring** und die **Forfaitierung.**[35]

→ Finanzierung aus Vermögensumschichtungen kann sinnvoll sein, wenn

- Liquiditätsengpässe bestehen bzw.
- der Veräußerungserlös in Alternativanlagen eine höhere Rendite erwirtschaftet und
- die zu veräußernden Gegenstände des Anlage- und Umlaufvermögens nicht betriebsnotwendig sind.

---

[35] Siehe Kapitel 4.3.3.

4 Außenfinanzierung

4.1 Grundlagen

Außenfinanzierung ist Mittelzufluss von außen in die Unternehmung. Hierbei kann es sich entweder um Eigenkapital, man spricht von Einlagen- oder Beteiligungsfinanzierung, oder um Fremdkapital handeln. Die Finanzierung mit Fremdkapital wird auch als Kreditfinanzierung bezeichnet.

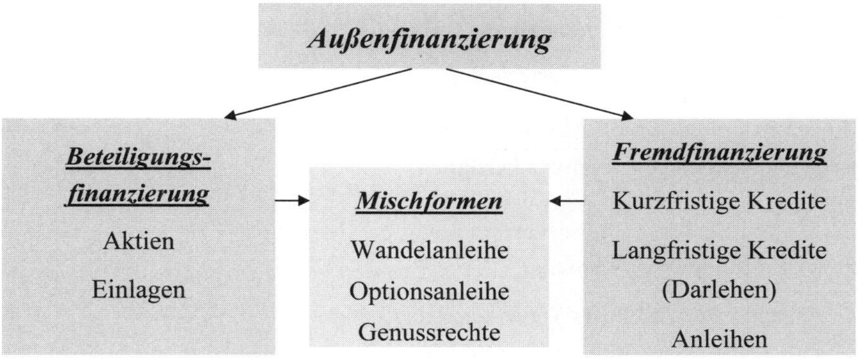

Abhängig von der Rechtsform der Unternehmung wird Eigenkapital, das von außen zufließt, in Form von Einlagen oder durch den Erwerb von Effekten[36] (Aktien) als Beteiligung zur Verfügung gestellt. Diese vielfältig gestaltbaren Wertpapiere bezeichnet man als Teilhaberpapiere, da das Papier das Teileigentum an der Gesellschaft verbrieft. Der Eigenkapitalgeber ist sowohl am Entscheidungsprozess als auch am Gewinn der Unternehmung (Teilhaberrechte) beteiligt.

36 Effekten: Börsenfähige Wertpapiere, zum Beispiel Aktien und Anleihen.

Fremdkapital wird ebenfalls durch die Ausgabe von Effekten (so genannten Gläubigerpapieren) oder aber in anderer, nicht verbriefter Form des Kredites aufgenommen. Da Fremdkapital kein Eigentum an der Unternehmung darstellt, ist der Fremdkapitalgeber nicht zur Partizipation am Unternehmensführungsprozess berechtigt, es stehen ihm also keine Stimmrechte in Entscheidungsorganen der Gesellschaft zu.

Des Weiteren ist mit der Vergabe von Fremdkapital keine Teilhabe am Gewinn des kreditnehmenden Unternehmens verbunden.

Zwischen Fremd- und Eigenkapital gibt es neben den Mitwirkungsrechten weitere Unterscheidungsmerkmale bezüglich:

- Einzahlung des Kapitals
- Verzinsung/Kosten aus der Kapitalaufnahme
- Rückzahlung
- Schutz des Kapitalanlegers bei Insolvenz/Liquidation
- Steuerlicher Behandlung der Finanzierungskosten

Rechte und Pflichten von Kapitalgebern

	Teilhaber (Beteiligung)	***Gläubiger (Kredit)***
Anspruch auf Verzinsung	gewöhnlich reine Gewinnbeteiligung	Nicht gewinngekoppelt u.U. kapitalmarktabhängig (z. B. Floating Rate Notes)
Anspruch auf Rück-zahlung	keinerlei	Anspruch auf Tilgung zum Rückzahlungskurs / Nominalwert
Laufzeit der Finanzierung	i.d.R. unbefristet	gewöhnlich befristet
Möglichkeit zur Beendigung des Fin-anzierungsverhältnisses	Entnahmemöglichkeit von Einlagen eingeschränkt; Aktien gewöhnlich jederzeit veräußerbar[37]	Jederzeitiger Verkauf von börsengängigen Effekten möglich; Darlehen nur außerordentlich kündbar[38]
Mitwirkungsrechte am betrieblichen Entscheidungsprozess	gewöhnlich vorhanden Ausnahmen: Vorzugsaktien, Genussrechte (Quasi-Beteiligung)	gewöhnlich keine (u. U. Einflussnahme durch Hauptgläubiger möglich)
Haftung für Verbindlich-keiten der Unternehmung	bis zur Höhe der Einlage, eventuell Nachschuss-pflicht[39]	gewöhnlich ausgeschlossen

37 Sofern keine Verkaufssperren vorhanden sind (z.B. bei Mitarbeiteraktien üblich).

38 Nur bei Vertragsverletzungen des Kreditnehmers möglich.

39 Pflicht zur nachträglichen Einzahlung (noch ausstehender Gesellschaftereinlagen).

4.2 Beteiligungsfinanzierung (Eigenfinanzierung und Beteiligungsfinanzierung i.e.S.)

4.2.1 Grundlagen

Der Begriff der Beteiligungsfinanzierung umfasst alle möglichen Formen der Eigenkapital-Zuführung in eine Unternehmung von außen. Zunächst ist bei Gründung einer Unternehmung Eigenkapitalzufluss notwendig. Das Vorhandensein von Eigenkapital ist aus Gründen des Gläubigerschutzes stets Voraussetzung für die Gewährung von Krediten.

Erhöhung des Eigenkapitals von außen bedeutet, dass das Eigenkapital von externen Geldgebern aufgebracht werden muss und nicht aus Gesellschaftsmitteln entstammt (Selbstfinanzierung).

Beteiligungsfinanzierung ist ein „Sammelbegriff für alle Formen gesellschaftlicher Beschaffung von Eigenkapital durch Kapitaleinlagen von bisher bereits vorhandenen oder neu hinzukommenden Gesellschaftern der Unternehmungen“[40].

Zwischen Beteiligungsfinanzierung im engeren und im weiteren Sinne muss unterschieden werden. Der Begriff der *Beteiligungsfinanzierung im weiteren Sinne (i.w.S.)* überschreibt die beiden Unterarten *(1) Eigenfinanzierung* (Zuführung neuen Eigenkapitals durch bisherige Gesellschafter) und *(2) Beteiligungsfinanzierung im engeren Sinne (i.e.S.)* (Zuführung neuen Eigenkapitals durch neue, bisher nicht in die Unternehmung investierte Gesellschafter).[41]

---

40 Janberg, Finanzierungshandbuch, 1970, S. 716.

41 Vgl. Schmidt/Terberger, Grundzüge der Investitions- und Finanzierungstheorie, 1999, S. 19.

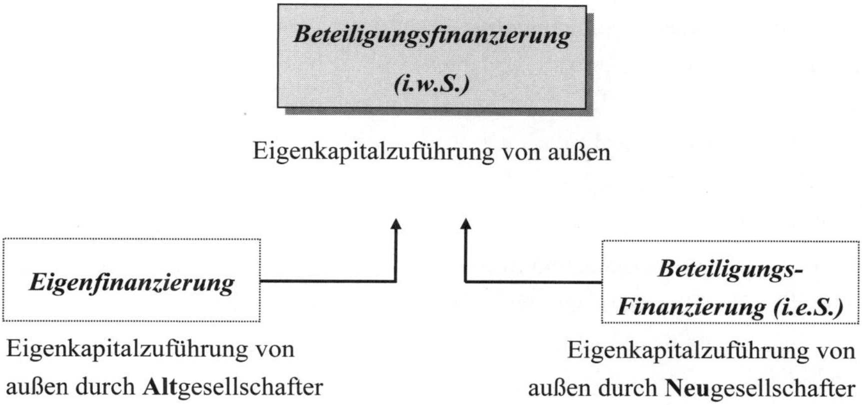

Eigenkapital zur Verfügung zu stellen bedeutet für den Investor, Eigentümer (meist Teileigentümer) oder Anteilseigner zu werden. Der Eigenkapitalgeber stellt dem Unternehmen Kapital zur Verfügung, auf dessen Verwendung er im Folgenden nur noch im Rahmen seiner, von der Firmierung der Gesellschaft abhängigen, Stimmrechtsbefugnisse Einfluss nehmen kann.[42]

Er ist über jährlich neu festzulegende Ausschüttungen am Gewinn der Unternehmung zu beteiligen. Das bedeutet, dass er im Falle einer schlechten Ertrags- oder Liquiditätslage auch nur eine niedrige oder keine Ausschüttung erhalten wird. Das Ertragsrisiko des Teilhabers ist somit höher als das des Gläubigers, der einen Anspruch auf Verzinsung und Rückzahlung hat. Außer durch Ausschüttungen kann der Eigenkapitalgeber durch Wert- beziehungsweise Kurssteigerungen seiner Anteile beziehungsweise Aktien profitieren.

Die Kosten des Eigenkapitals (Dividenden, Ausschüttungen) stellen für die Unternehmung generell keine steuerwirksamen Betriebsausgaben dar.

---

[42] Siehe hierzu Übersicht über die Rechtsformen in Kapitel 1.

An einem eventuellen Liquidationserlös ist der Eigenkapitalgeber entsprechend seinem Anteil am Gesamtwert der Unternehmung beteiligt. Doch einer Eigenkapitalrückzahlung geht die so genannte Gläubigerbefriedigung[43] in jedem Falle vor. Bei Insolvenz und Einstellung des Geschäftsbetriebs erhält der Eigenkapitalgeber nur dann Teile seiner Anlage zurück, wenn der Liquidationswert der Unternehmung die Fremdkapital-Verbindlichkeiten übersteigt.

Können aus dem gesamten Vermögen der Gesellschaft die Gläubigerforderungen nicht in voller Höhe getilgt werden, sind die Gesellschafter unter Umständen sogar nachschusspflichtig.

Der Eigenkapitalgeber trägt folglich das Hauptrisiko aus dem Unternehmen.

Grundsätzlich ist die Beteiligungsfinanzierung von Unternehmen mit Börsenzutritt stark verschieden von der Beteiligungsfinanzierung solcher Unternehmen ohne Börsenzutritt. Fehlender Börsenzutritt ist entweder in der Rechtsform der Gesellschaft begründet – nur Aktiengesellschaft und Kommanditgesellschaft auf Aktien sind emissionsfähig – oder aber in mangelnder Größe (zu geringer Marktwert), nicht ausreichender Bonität und anderen Faktoren.

Je nach Marktsegment[44] haben börsennotierte Unternehmen bestimmte Publizitätsvorschriften[45] einzuhalten.

---

[43] Bedienung der Gläubiger-Forderungen wie vertraglich vereinbart.

[44] Deutsche Marktsegmente sind z.B.: Deutscher Aktienindex (DAX), MDAX, SDAX, TecDAX.

[45] Vorgeschriebene Veröffentlichung von Umsatz- und Ertragszahlen in bestimmten zeitlichen Abständen.

4.2.2 Beteiligungsfinanzierung ohne Börsenzutritt

Unternehmen ohne Börsenzutritt finanzieren sich durch Einlagen ihrer Gesellschafter. Als Gesellschafter können bei Einzel- und Personengesellschaften nur natürliche Personen (Ausnahmen: GmbH & Co. KG[46] und GmbH & Co. OHG[47]) und bei der GmbH zusätzlich auch juristische Personen auftreten.

Das Gesellschafterkapital muss nicht zwingend vollständig eingezahlt sein. Es können auch im Rahmen der gesetzlichen Vorgaben Regelungen im Gesellschaftsvertrag getroffen werden, wonach der einzelne Gesellschafter nur einen Anteil seiner Einlage tatsächlich einzuzahlen hat.

Auf das nicht eingezahlte Kapital, auch Garantiekapital genannt, kann bei Eintritt bestimmter vereinbarter Voraussetzungen zurückgegriffen werden. Ein solcher Fall ist stets die Insolvenz. Jeder Gesellschafter haftet mindestens mit seiner gesamten Einlage, also auch dem nicht eingezahlten Kapital.

Der Umfang einer möglichen Eigenfinanzierung ist aufgrund der Begriffsbestimmung als Finanzierung durch bereits finanzierende Gesellschafter, auf deren Willen zur weiteren Investition und deren Vermögen begrenzt.

Die Möglichkeit zur Beteiligungsfinanzierung im engeren Sinne, also das Beschaffen neuen Geldes über das Einwerben neuer Gesellschafter, ist abhängig von der Attraktivität der eigenen Gesellschaft und von der Bereitschaft der Altgesellschafter zur Aufnahme neuer Gesellschafter. Diese Bereitschaft ist nicht zwingend gegeben, da sich mit der Aufnahme neuer Gesellschafter die Vermögens- und Stimmrechtsverhältnisse ändern.

Eine neue Beteiligung ist nur mit Zustimmung der Altgesellschafter möglich, da diese entsprechend ihres Beteiligungsanteils stimmberechtigt sind. Auch die Übertragung von Gesellschaftsanteilen ist in der überwiegenden Zahl aller Fälle nicht ohne Informierung und Zustimmung der Gesellschaft möglich.

---

46 Die GmbH & Co. KG ist eine Kommanditgesellschaft (Personengesellschaft), bei der eine GmbH (Kapitalgesellschaft) als Komplementär fungiert.

47 Die GmbH & Co. OHG ist eine Offene Handelsgesellschaft (Personengesellschaft), bei der eine GmbH (Kapitalgesellschaft) als Gesellschafter beteiligt ist.

4.2.3 Beteiligungsfinanzierung mit Börsenzutritt

Unternehmen mit Börsenzutritt beschaffen Eigenkapital über die Ausgabe (Emission) von Aktien.

In Deutschland gibt es zwei Formen der emissionsfähigen Unternehmens-Firmierung, und zwar die Aktiengesellschaft (AG) und die Kommanditgesellschaft auf Aktien (KGaA[48]). Da die Aktiengesellschaft im Wirtschaftsleben eine wesentlich größere Rolle spielt als die KGaA und sie den internationalen Unternehmensfirmierungen entspricht, soll sie hier Gegenstand der Betrachtung sein. Nur wenige Konzerne, die keine Aktiengesellschaften sind, haben den Sprung an die Spitze der deutschen Unternehmenslandschaft[49] geschafft.

Das ist darin begründet, dass Erwerb und Verkauf von Aktien mit sehr wenig Aufwand und Formalitäten verbunden sind und diese oftmals auch keinen Beschränkungen von Seiten der Gesellschaft unterliegen. Den Anlegern und damit Eigenkapitalgebern ist auch die Einbringung sehr geringer Beträge möglich.

Über den somit erreichbaren, sehr großen Gläubigermarkt ist es – relativ zu den anderen Unternehmensformen – wesentlich einfacher, große Eigenkapitalsummen zu bekommen und damit ist wiederum der Weg für weitere Großkredite geebnet. Die gute Ausstattung an Fremd- und Eigenmitteln ermöglicht Großinvestitionen und sogar Übernahmen gewichtiger Konkurrenten. Schnelle Expansion ist durch das Instrument der Aktie möglich.

Die hohe Fungibilität[50] hat die Aktie zum weltweit wichtigsten Instrument der Eigenkapital-Beschaffung werden lassen. In den Jahren 1998 bis 2000 war ein regelrechter „run“ auf Neuemissionen jeglicher Branchen zu verzeichnen. Ausgelöst wurde diese Entwicklung in Deutschland durch die immensen Kursgewinne an den Börsen und durch medienwirksame Börsengänge von großen

---

48 KGaA: „Kommanditgesellschaft auf Aktien“: Seltene Form der Unternehmensfirmierung; eine Kommanditgesellschaft (eigentlich Personengesellschaft) finanziert sich über die Ausgabe von Aktien und wird damit zur Kapitalgesellschaft. Als Beispiel sei die Henkel KGaA genannt.

49 Als Kriterien für eine solche Aussage dienen zum Beispiel Umsatzgröße und Mitarbeiterzahl.

50 Übertragbarkeit und Umlauffähigkeit.

ehemaligen Staatsbetrieben (Telekom) aber auch der Siemenstochter Infineon (Halbleiterproduzent).

Vielen Unternehmen, auch solchen mit zweifelhaften Erfolgssaussichten, ist in diesen Tagen die Beschaffung von hohen Eigenkapitalsummen gelungen, bezogen auf den tatsächlichen substantiellen Unternehmenswert und die Ertragskraft.

Aktiengesellschaften zählen, wie bereits oben ausgeführt wurde, zu den Gesellschaften mit Börsenzutritt. Dennoch müssen die Aktien einer Aktiengesellschaft nicht unbedingt an Börsen notiert sein. Dies ist sogar bei der Mehrzahl aller Aktiengesellschaften in Deutschland (vorwiegend bei kleineren Aktiengesellschaften) der Fall. Die Papiere befinden sich statt in Streubesitz[51] in der Hand weniger Personen oder Institutionen. Gründe können der Wunsch nach einem geschlossenen Aktionärskreis oder aber die mit einer Börsennotierung verbundenen sehr hohen Kosten sein. Diese Kosten verursachen vor allem die so genannten „Investor relations", die jährliche Hauptversammlung und die Einhaltung von Publizitäts- und Ad-hoc-Meldevorschriften.

Zum Zweck der Beteiligung der Mitarbeiter am Gewinn des Unternehmens und damit zur Steigerung der Mitarbeitermotivation dienen so genannte Mitarbeiteraktien.

---

[51] „free float".

4.2.3.1 Aktien

Aktien sind Teilhaberpapiere, die das Teileigentum an einer Aktiengesellschaft verbriefen.

Mit dem Kauf von Aktien erwirbt der Eigenkapitalgeber wichtige Rechte:

- Teilnahmerecht an der Hauptversammlung (HV) (§ 118 Abs.1 AktG)
- Stimmrecht bei der Hauptversammlung (§§ 133-137 AktG)
- Auskunftsrecht bei der HV (Vorstand ist auskunftspflichtig) (§ 131 AktG)
- Bestellung der Aufsichtsratsmitglieder (Beschluss HV) (§ 119 Abs.1,1 AktG)
- Bestellung der Prüfer des Jahresabschlusses (Beschluss HV) (§ 119 Abs.1,4 AktG)
- Gewinnbeteiligung (sog. Dividendenrecht) (§ 58 Abs.4 AktG)
- Bezugsrecht auf junge Aktien (§§ 186-189 AktG)

Ein weiteres Recht, das dem Aktionär zusteht, ist der Anteil am Liquidationserlös. Wie zuvor beschrieben, werden die Eigenkapitalgeber aber erst nach Befriedigung aller Gläubiger berücksichtigt, was zu sehr niedrigen Quoten führen kann.

Aktien lassen sich hinsichtlich mehrerer Eigenschaften unterscheiden. Die Ausgestaltungen der Aktien, derer sich eine Aktiengesellschaft bedient, sind in der Satzung festzulegen.

Unterscheidung...

(1) nach der Beteiligung am Grundkapital (Zerlegung des Grundkapitals)

Nennwertaktien — **Aktien** — **Stückaktien**

Nennwertaktien: Auf einen bestimmten Nennbetrag (mind. 1 Euro) lautende Aktien.

Die Summe aller Nennwerte ergibt die Höhe des Grund-Kapitals der AG.

Stückaktien: Nennwertlose Aktien, die einen bestimmten Anteil am Grundkapital verbriefen.

Der Anteil am Grundkapital ist gleich dem Grundkapital dividiert durch die Anzahl aller Stückaktien.

(2) nach dem Umfang des verbrieften Rechts

Stammaktien — **Aktien** — **Vorzugsaktien**

Stammaktien: Klassische Form der Aktie. Die Stammaktie verbrieft alle Rechte, die zuvor aufgeführt sind, in gleichem Anteil für jede Aktie.

Vorzugsaktien: Sie bieten in einem Recht einen Vorteil gegenüber den Stammaktien. Gewöhnlich ist ihr Dividendenvorzug mit dem Ausschluss des Stimmrechts bei der HV verknüpft.

Vorzugsaktien können auch andere Rechte als den Dividendenvorzug enthalten. Möglich sind Vorzüge bei der Zuteilung von Liquidationserlösen (risikomindernde Wirkung) und so genannte Mehrstimmrechtsaktien (erhöhtes Stimmgewicht bei der Hauptversammlung).

Diese zusätzlichen Stimmrechte sind jedoch nach heutigem Stand der Gesetzgebung unzulässig und bestehende Stimmrechtsvorzüge verfielen im Jahr 2003, sofern die Hauptversammlung nicht eine Beibehaltung der bestehenden Regelung beschließt.[52]

---

52 Siehe auch Grill/Perczynski, Wirtschaftslehre des Kreditwesens, 2007.

Sie wurden gewöhnlich genutzt, um neuen Investorengruppen eine Beteiligung durch überproportionale Mitwirkungsrechte attraktiver zu machen. Eine andere, genau konträre Intention war die Verhinderung von fremdem Einfluss auf die Unternehmung durch Ausgabe von Mehrstimmrechtsaktien an einen loyalen Anlegerkreis.

(3) nach der Übertragbarkeit

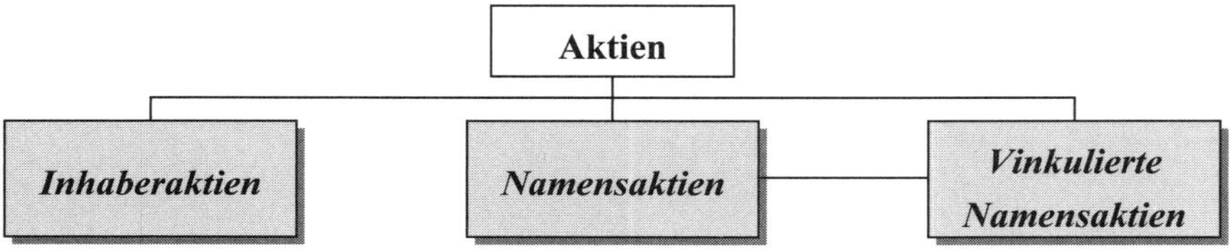

Die Übertragbarkeit der *Inhaberaktie* ist nicht eingeschränkt, Einigung der beiden Vertragspartner (Käufer und Verkäufer) und Übergabe genügen zum Übergang des Eigentums und der beinhalteten Rechte. Die Gesellschaft hat keine Information, wer ihre gegenwärtigen Eigenkapitalgeber (mit Ausnahme von Großaktionären) sind.

Die *Namensaktie* ist ebenfalls nicht in ihrer Übertragbarkeit eingeschränkt. Im Gegensatz zur Inhaberaktie hat die Gesellschaft aber die Möglichkeit, nähere Informationen über den Kreis ihrer Eigenkapitalgeber zu erlangen. Es wird ein Aktienbuch geführt, das Name, Wohnort und die Anzahl der gehaltenen Aktien jedes einzelnen Aktionärs erfasst.

Aufgrund der freien Handelbarkeit der Aktie, ist es für Aktiengesellschaften denkbar, in Abhängigkeiten zu geraten, falls einzelne Investoren große Aktienpakete erwerben.

Mit Hilfe der Namensaktie ist es zwar nicht möglich, einzelne Kapitalmarktakteure am Kauf von Aktien zu hindern, aber es ist doch immerhin möglich, sich verändernde Aktionärsstrukturen frühzeitig zu erkennen und gegebenenfalls Gegenmaßnahmen einzuleiten (wie zum Beispiel den Rückkauf eigener Aktien zur Verhinderung einer feindlichen Übernahme).

Die *vinkulierte Namensaktie*[53] ist **nicht** ohne die Zustimmung der Emittentin übertragbar. Die Satzung der Aktiengesellschaft legt das Organ fest, das die Zustimmung zu Übertragungen zu erteilen hat (Vorstand, Aufsichtsrat oder Hauptversammlung).

Die Struktur der Anleger ist somit genau zu steuern und die Gefahr, in Abhängigkeiten zu geraten, wesentlich reduziert.

4.2.3.2 Kapitalerhöhung

Aus verschiedenen Anlässen kann der Vorstand einer Aktiengesellschaft der Hauptversammlung die Erhöhung des Grundkapitals vorschlagen.

Zur Ausweitung der Geschäftstätigkeit, zur Beteiligung von Mitarbeitern und zur Vorbereitung von Übernahmen beziehungsweise Fusionen kann zusätzliches Kapital benötigt werden.

Es ist aber auch möglich, dass die Gesellschaft aus eigenen Mitteln (Rücklagen) imstande ist, ihr haftendes Grundkapital zu erhöhen. Es muss also kein neues Kapital von außen zufließen. Gerade für Banken und Versicherungen ist das haftende Grundkapital von besonderer Bedeutung, weil Teile ihrer Geschäftstätigkeit von einer ausreichenden Eigenkapitalbasis abhängig sind. Anders als Unternehmen anderer Branchen benötigen Banken und Versicherungen ihr Eigenkapital nicht nur um Kredite erhalten zu können, sondern gerade auch um selbst Darlehen vergeben zu können.

[53] Diese nutzen zum Beispiel die Deutsche Lufthansa AG und die Allianz AG.

4.2.3.2.1 Kapitalerhöhung von außen (Hereinnahme neuer Gelder)

Die Kapitalerhöhung, die nicht aus Gesellschaftsmitteln erfolgt, lässt sich nach Anlass und Zeitpunkt des Kapitalzuflusses in drei Formen unterscheiden:

1. **Ordentliche Kapitalerhöhung**

   Gegen Einlage werden junge Aktien ausgegeben. Altaktionären ist ein Bezugsrecht auf die neuen Aktien einzuräumen. Die Hauptversammlung muss eine ordentliche Kapitalerhöhung mit mindestens 75% der Stimmen des anwesenden Kapitals beschließen. (Anwesendes Kapital = Stimmrechte, die durch den Aktionär selbst oder einen vom Aktionär berufenen Bevollmächtigten auf der Hauptversammlung vertreten sind und somit auch tatsächlich den Abstimmungsausgang beeinflussen können).

2. **Genehmigte Kapitalerhöhung**

   Die Hauptversammlung ermächtigt den Vorstand, innerhalb der nächsten 5 Jahre und nach Zustimmung des Aufsichtsrates junge Aktien auszugeben. Die Unternehmensführung erhält die Möglichkeit, auf günstige Kapitalmarktsituationen flexibler und schneller zu reagieren. Somit muss nicht erst auf das starre Instrument der HV zurückgegriffen werden, um innerhalb kurzer Zeit Finanzierungs-Chancen nutzen zu können.

3. **Bedingte Kapitalerhöhung**

   Die Hauptversammlung beschließt eine Kapitalerhöhung bis zu einem gewissen Höchstbetrag. Die Kapitalerhöhung ist jedoch bedingt, das heißt, ihr Wirksamwerden ist von der tatsächlichen Entscheidung der Anleger abhängig und erfolgt nur bis zu dieser Höhe:

   - Wandlungsentscheidung nach Ausgabe von Wandelanleihen
   - Ausübungsentscheidung nach Emission von Optionsanleihen (siehe „Anleiheformen mit Sonderrechten“ und „Börsentermingeschäfte“)
   - Teilnahme an Mitarbeiter-Beteiligungs-Programmen

   Zur Vorbereitung von Unternehmensübernahmen, die aus eigenen Aktien bezahlt werden sollen, sind ebenfalls bedingte Kapitalerhöhungen unter Ausschluss des Bezugsrechts für Altaktionäre erforderlich.

4.2.3.2.2 Kapitalerhöhung aus Gesellschaftsmitteln (Umwandlung von Rücklagen)

Anstelle eines Mittelzuflusses von außen werden Kapital- oder Gewinnrücklagen in Grundkapital umgewandelt. Es ist möglich, den Börsenkurs durch Erhöhung der Aktienanzahl zu senken.

Den Aktionären als Besitzern der Gesellschaft sind entsprechend ihrem bisherigen Eigentumsanteil am Grundkapital so genannte Berichtigungsaktien (auch Gratisaktien genannt) zuzuteilen.

Die Eigentumsverhältnisse ändern sich also nicht.

4.2.3.3 Bezugsrechte

„Jedem Aktionär muss auf sein Verlangen ein, seinem Anteil an dem bisherigen Grundkapital entsprechender, Teil der neuen Aktien zugeteilt werden.“ (§ 186 Abs. 1 AktG) Unter bestimmten Voraussetzungen ist der Ausschluss des Bezugsrechts möglich.[54]

Das Bezugsrecht entstammt somit aus dem Besitz von „alten“ Aktien. Der Zweck der Bezugsrechtsausgabe ist der Verwässerungsschutz von Eigentums- und Stimmrechtsanteilen des Aktionärs. Der Altaktionär soll vor einer Schwächung seiner Position bei Kapitalerhöhung von außen geschützt werden.

Es steht einem jeden Aktionär frei, seine Bezugsrechte zum Bezug neuer Aktien unter der festgelegten Zuzahlung, die regelmäßig unter dem Kurs der Aktie liegt, zu nutzen oder die Bezugsrechte zu verkaufen. Die Frist für die Ausübung des Bezugsrechts hat mindestens 2 Wochen zu betragen.

---

[54] Zur Vertiefung sei empfohlen: Wöhe/Bilstein, Grundzüge der Unternehmensfinanzierung, 1998, S. 74-82.

4.2.3.3.1 Wert des Bezugsrechts

Da der Bezugskurs (Ausgabepreis) der jungen Aktien gewöhnlich niedriger ist als die Kursnotierung der alten Aktien, kommt es nach Ablauf der Bezugsfrist und Wirksamwerden der Kapitalerhöhung zu einem Mischkurs, der unter der alten Notierung liegt.

Der rechnerische Wert des Bezugsrechts muss den Vermögensverlust eines Aktionärs ausgleichen, der nicht an der Kapitalerhöhung teilnimmt, also keine jungen Aktien unter Zuzahlung beziehen möchte. Seine Aktien verlieren an Wert.

Der rechnerische Wert des Bezugsrechts ist stets nicht mehr als eine theoretische Größe. Marktveränderungen werden dabei nicht berücksichtigt.

Der tatsächliche Wert des Bezugsrechts wird durch Angebot und Nachfrage sowie durch eine Vielzahl von Faktoren und subjektiven wie auch objektiven Erwartungen determiniert.

Hierbei spielt das **Bezugsverhältnis** eine Rolle. Es ist das Verhältnis zwischen bestehendem (altem) Kapital und der Kapitalerhöhung (neues Kapital).

Erhöht die Gesellschaft ihr Grundkapital zum Beispiel von 500 Millionen Euro auf 600 Millionen Euro, so ist das Verhältnis von altem zu neuem Kapital:[55]

$$\frac{a}{n}\left(\frac{alt}{neu}\right)=\frac{500}{100}=\frac{5}{1}$$

Das bedeutet, dass auf 5 alte Aktien eine neue Aktie entfällt. Die Bezugsrechte aus 5 alten Aktien berechtigen also zum Bezug <u>einer</u> neuen Aktie unter Zahlung des Ausgabekurses.

[55] Neues Kapital = Betrag der Kapitalerhöhung.

Ermittlung des rechnerisch richtigen Wertes von Bezugsrechten

$$BR = \frac{K_a - K_n}{\left(\frac{a}{n} + 1\right)}$$

BR	=	Rechnerischer Wert des Bezugsrechts einer alten Aktie	
$\boldsymbol{K_a}$	=	Kursnotierung der alten Aktien vor Kapitalerhöhung	
$\boldsymbol{K_n}$	=	Emissionskurs (Ausgabepreis) der neuen Aktien	
$\frac{\boldsymbol{a}}{\boldsymbol{n}}$ $\left(auch\ \frac{m}{n}\right)$	=	Bezugsverhältnis	(alte zu neuen Aktien) oder (altes Kapital zu Kapitalerhöhung)

Beispiel 1

Eine AG erhöht ihr Grundkapital von 150.000 Euro auf 200.000 Euro. Der Kurs der alten Aktie liegt bei 190 Euro. Die jungen Aktien sollen zu einem Ausgabepreis von 130 Euro zu beziehen sein.

$$\text{BR} = \frac{190 - 130}{\left(\frac{150.000}{50.000} + 1\right)} = \frac{60}{\left(\frac{3}{1} + 1\right)} = \frac{60}{4} = 15\,\text{Euro}$$

Der rechnerische Wert des Bezugsrechts beträgt also 15 Euro.

Ermittlung des Mischkurses

$$Mischkurs = \frac{K_{alt} \cdot n_{alt} + K_{neu} \cdot n_{neu}}{n_{alt} + n_{neu}}$$

$\boldsymbol{n_{alt}}$	=	Anzahl der alten Aktien
$\boldsymbol{n_{neu}}$	=	Anzahl der neuen Aktien

Wichtig: Bezugsverhältnis $\left[\frac{\text{a}}{\text{n}} = \frac{3}{1}\right]$

	Anzahl	*Kurs*	*Ausgabepreis*	*Wert*		***Mischkurs***
Alte Aktien	3	190 Euro		570 Euro		
Neue Aktien	1		130 Euro	130 Euro		
Summe	**4**			**700 Euro**	**700 : 4 =**	**175 Euro**

$$Mischkurs = \frac{190 \cdot 3 + 130 \cdot 1}{3+1} = \frac{700}{4} = 175\,\text{Euro}$$

Der Wert der 4 Aktien liegt insgesamt bei 700 Euro. Dividiert man diesen Gesamtwert der alten und neuen Aktien durch die Gesamtzahl derselben erhält man den rechnerisch richtigen Mischkurs nach Kapitalerhöhung. Im Beispiel liegt er bei 175 Euro.

Die Differenz zwischen alter Kursnotierung und dem Mischkurs nach Kapitalerhöhung beträgt 15 Euro. Dies ist der Wert des Bezugsrechts. Der Inhaber von 3 alten Aktien, der sich entschließt, nicht an der Kapitalerhöhung teilzunehmen, macht durch die Kursanpassung einen Verlust von 45 Euro ((190 Euro – 175 Euro)$\cdot$3). Diesen Kursverlust kompensiert der rechnerische Wert seiner 3 Bezugsrechte (3$\cdot$15 Euro) exakt.

4.2.3.3.2 Wert bei ungleichen Dividendenansprüchen

Zuvor wurde unterstellt, dass die jungen Aktien mit dem gleichen Dividendenanspruch im Jahr der Kapitalerhöhung ausgestattet seien wie die alten Aktien. Dies ist jedoch nicht zwingend der Fall.

Will die Gesellschaft die Attraktivität der jungen Aktien erhöhen, so kann sie für diese einen Dividendenvorteil im Jahr der Kapitalerhöhung beschließen.

Ist man aber geneigt, den Altaktionären eine Kapitalerhöhung näher zu bringen, um ihre Zustimmung auf der Hauptversammlung zu erhalten, kann man die jungen Aktien mit einem Dividendennachteil für das Jahr der Kapitalerhöhung ausstatten. Der Gewinn wird in einem solchen Fall im Jahr der Kapitalerhöhung noch stärker den Altaktionären zufließen. Diskontierungseffekte sollen hier vernachlässigt bleiben.

1. Dividendenvorteil

Ein Dividendenvorteil der jungen Aktien stellt einen zusätzlichen Anreiz dar, diese zu erwerben. Der Zusatzertrag für den Inhaber der neuen Aktie aufgrund höherer Dividendenzahlung kann als Verbilligung der Investition verstanden werden, wenn man einen Saldo aus Ausgabepreis und Zusatzdividende zieht.

Der Wert des Bezugsrechts steigt bei einem Dividendenvorteil selbstverständlich.

Rechnerischer Wert des Bezugsrechts bei Dividendenvorteil

$$BR = \frac{K_a - (K_n - DV)}{\left(\frac{a}{n} + 1\right)}$$

DV = Dividendenvorteil der neuen Aktien im ersten Jahr

Beispiel 2

Es sollen die Zahlen des Beispiels 1 gelten, jedoch sollen die jungen Aktien mit einem Dividendenvorteil von 20% gegenüber den alten Aktien ausgestattet sein. Die erwartete ordentliche Dividende betrage im Jahr der Kapitalerhöhung 8 Euro.

Berechnung

$$DV = (8 \text{ Euro} \cdot 20\% = 1{,}60 \text{ Euro})$$

$$\text{BR} = \frac{190 - (130 - 1{,}60)}{\left(\frac{3}{1} + 1\right)} = \frac{61{,}60}{4} = 15{,}40 \text{ Euro}$$

Der Wert des Bezugsrechts steigt erwartungsgemäß bei zusätzlichem Ertrag der jungen Aktien.

2. Dividendennachteil

Ein Dividendennachteil der jungen Aktie stellt einen Minderertrag im ersten Jahr dar. Man kann diesen Minderertrag bereits im Preis des Bezugsrechts ausdrücken, welcher naturgemäß unter dem Preis bei gleicher Dividendenberechtigung liegt.

Man kann den Dividendennachteil als Erhöhung des Ausgabepreises verstehen; dies hat eine Minderung des Bezugsrechtswertes zur Folge.

Rechnerischer Wert des Bezugsrechts bei Dividendennachteil

$$BR = \frac{K_a - (K_n + DN)}{\left(\frac{a}{n} + 1\right)}$$

DN = Dividendennachteil der neuen Aktien im ersten Jahr

Beispiel 3

Es sollen weiterhin die Zahlen des Beispiels 1 gelten, jedoch sollen die jungen Aktien mit einem Dividendennachteil von 50% gegenüber den alten Aktien ausgestattet sein. Die erwartete ordentliche Dividende betrage im Jahr der Kapitalerhöhung 8 Euro.

Berechnung

$DN = (8 \text{ Euro} \cdot 50\% = 4 \text{ Euro})$

$$\text{BR} = \frac{190 - (130 + 4)}{\left(\frac{3}{1} + 1\right)} = \frac{56}{4} = 14 \text{ Euro}$$

Der Wert des Bezugsrechts sinkt erwartungsgemäß bei höherem Ausgabepreis (Dividendennachteil) der jungen Aktien.

4.3 Fremdfinanzierung (Kreditfinanzierung)

4.3.1 Einführung

Fremdkapital sind Gelder, die einer Gesellschaft zur zeitlich begrenzten Nutzung mit unterschiedlichen Laufzeiten überlassen werden. Der Fremdkapitalgeber (**Gläubiger**) erwirbt kein Eigentum an der Unternehmung.

Das Risiko gegenüber der Eigenkapitaleinlage im Falle einer Liquidation ist durch den Gläubigerschutz reduziert. Übersteigen jedoch die Verbindlichkeiten das Eigenkapital des Schuldners, muss auch der Fremdkapitalgeber im Insolvenzfall mit Forderungsausfall rechnen.

Das Fremdkapital muss verzinst und pünktlich zurückgezahlt werden. Das finanzierte Unternehmen kann bei schlechter finanzieller Lage folglich nicht auf die vertragsgemäße Bedienung des Fremdkapitals verzichten, um die Liquidität zu entlasten, wie dies bei Eigenkapital möglich ist. Andererseits ist Fremdkapital nicht mit einer Beteiligung an Unternehmensführungsprozess und Unternehmensgewinn verbunden.

Aus der Art der Geschäftstätigkeit heraus stellen Unternehmungen ganz spezielle, untereinander stark verschiedene Anforderungen an eine Kreditfinanzierung. Diesen divergierenden Anforderungen tragen sehr vielfältige Formen des Kredits Rechnung. Diese diversen Instrumente unterscheiden sich in Hinsicht auf ihre Gläubiger, ihre Laufzeit, ihre Einzahlungs- und Rückzahlungsmodalitäten, ihre Verzinsung, ihre schuldrechtliche Behandlung und ihre Besicherung.

Fristigkeit

Die Bedingungen der Fremdkapitalaufnahme determinieren gewöhnlich einen Zeitpunkt oder einen Zeitraum der Rückzahlung. Das bedeutet, dass heute aufgenommenes Fremdkapital zu einem späteren Zeitpunkt wieder aus der Unternehmung abfließen wird, sofern das Unternehmen die Gläubiger nicht zu einer Fortführung des Schuldverhältnisses[56] bewegen kann und es nicht unter speziellen Bedingungen in Eigenkapital umgewandelt wird (siehe Anleiheformen mit Sonderrechten). Damit wird ein sehr wichtiger Punkt der Außenfinanzierung deutlich:

Die ***Fristigkeit*** *der in Anspruch genommenen Mittel.*

Würden die Fremdmittel aufgrund mangelhafter Planung verstärkt oder sogar in ihrer Gesamtheit zu einem einzigen Zeitpunkt oder innerhalb kürzester Zeit aus dem Unternehmen abfließen, wäre die Liquidität stark gefährdet und der Fortbestand der Gesellschaft unsicher. Es ist daher für die Organe der Finanzplanung innerhalb des Unternehmens unverzichtbar, jederzeit den aktuellen Stand der Liquidität und den kurz- und mittelfristigen Bedarf an Fremdmitteln zu kennen, um rechtzeitig für deren Beschaffung in hinreichender Höhe Sorge tragen zu können.

Finanzplan

Um zu einem sinnvollen Mix der Finanzierungsinstrumente gelangen zu können, ist ein Finanzplan mit langfristigem Fokus zu erstellen. Das angestrebte Verhältnis von Fremdkapital zu Eigenkapital kann festgelegt und der optimale Verschuldungsgrad ermittelt werden.[57]

---

[56] So genannte „Prolongation".

[57] Siehe dazu Kapitel 5.

Fremdkapitalkosten unter steuerlichen Gesichtspunkten

Allen Formen der Finanzierung mit Fremdkapital ist gemeinsam, dass die entstehenden Kosten, wie unter anderem Zinsen, Abschreibungen auf das Disagio und Emissionskosten, steuerlich geltend gemacht werden können. Befindet sich das Unternehmen in einer Gewinnsituation, kann es bei Fremdfinanzierung die Steuerlast senken, indem die als Betriebsausgaben verbuchten Fremdkapitalkosten den erzielten Gewinn mindern.

Dies hat einen Verbilligungseffekt auf das Fremdkapital, da aus den Kosten die nachträglich entstandene **Steuerersparnis** herausgerechnet werden kann.

Im Vorfeld einer Kreditgewährung prüfen professionelle Gläubiger (wie zum Beispiel Banken und Versicherungen) **Kreditfähigkeit** und **Kreditwürdigkeit** ihrer potentiellen Schuldner.

Kreditfähigkeitsprüfung

Kreditfähigkeit ist die Fähigkeit, einen Kreditvertrag rechtswirksam abschließen zu können. Unbeschränkt geschäftsfähige natürliche Personen sowie juristische Personen und Personengesellschaften sind dazu imstande.

Kreditwürdigkeitsprüfung

Es sind solche Personen und Unternehmen kreditwürdig, von denen eine vollständig vertragsgemäße Erfüllung der eingegangenen Kreditverpflichtungen zu erwarten ist.

Rückschlüsse auf die Kreditwürdigkeit von potentiellen Schuldnern lassen sich unter anderem in persönlichen Gesprächen mit der Privatperson beziehungsweise der Unternehmensführung, durch Selbstauskünfte des Kreditsuchenden, aus Bilanz- und Jahresabschlussdaten, Finanzplänen, Umsatzplanungen sowie aus Informationen von Kreditauskunfteien[58] ziehen.

---

[58] Vgl. Wöhe/Bilstein, Grundzüge der Unternehmensfinanzierung, 1998, S. 277 ff.

Zwischen persönlicher und wirtschaftlicher Kreditwürdigkeit ist zu unterscheiden:

Die **persönliche Kreditwürdigkeit** leitet sich aus der beruflichen Qualifikation, den unternehmerischen Fähigkeiten und besonders aus der Zuverlässigkeit des Kreditnehmers selbst beziehungsweise seiner Führungsorgane ab.

Bei Privatpersonen spielen familiäre Gegebenheiten ebenso eine Rolle wie bei Unternehmen die Rechtsform und die Beteiligungsverhältnisse.

Die **wirtschaftliche (materielle) Kreditwürdigkeit** beschreibt die wirtschaftliche Fähigkeit des Kreditnehmers, seine eingegangenen Verpflichtungen ohne Schädigung seiner eigenen Vermögenssituation einzuhalten.[59] Es muss also eine Einschätzung getroffen werden, inwieweit der Kreditnehmer seinen Verpflichtungen nicht nur zum Zeitpunkt der Kreditgewährung sondern auch später im Verlaufe der Kredittilgungsphase nachkommen kann.

Bei natürlichen Personen sind hierfür im Wesentlichen der ausgeübte Beruf, das Gehalt sowie das Vermögen ausschlaggebend.

Bei Unternehmen stellt sich eine solche Prüfung ungleich schwerer dar. Von besonderer Bedeutung sind die Auftragslage, die Branchensituation, die Ertragskraft, die Höhe des Eigenkapitals und die bisher bestehenden Finanzierungsverpflichtungen. Ist der potentielle Schuldner bereits vor Vergabe des angefragten Kredites stark fremdkapitallastig finanziert, ist dies ein Punkt, den Gläubiger genau zu prüfen haben. Die Bedienung des Fremdkapitals kann zukünftig aufgrund der unflexiblen Belastungen zu Liquiditätsengpässen führen und letztlich Insolvenzgefahren aufwerfen.

Zudem sind die angebotenen Sicherheiten besonders interessant. Gute Sicherheiten wie etwa Grundschulden[60] reduzieren Kreditrisiken signifikant und erhöhen somit die wirtschaftliche Kreditwürdigkeit.

---

[59] Vgl. Herrling, Spezielle Betriebslehre Banken, 1999, S. 428 f.

[60] Siehe dazu Kapitel 4.6.

4.3.2 Formen des Kredites

Anhand der folgenden Übersicht wird deutlich, dass es sehr viele verschiedene Formen der Fremdfinanzierung gibt. Die erste Unterscheidung ist hinsichtlich der Fristigkeit, also der Dauer der möglichen Inanspruchnahme, vorzunehmen.

Eine Definition bezeichnet solche Finanzierungen als kurzfristig, deren Laufzeit 90 Tage nicht überschreitet. Finanzierungen über 90 Tage hinaus aber nicht länger als 4 Jahre seien mittelfristig und längere Laufzeiten langfristig. Die Meinungen bezüglich dieser Unterteilung divergieren stark.

Eine genaue Zurechnung der einzelnen Kredite ist aufgrund variabler Inanspruchnahme häufig problematisch.

Formen des Kredites

kurz- und mittelfristig	***mittel- und langfristig***
Kontokorrentkredit	*Darlehen*
Lieferantenkredit	*Schuldscheindarlehen*
Anzahlungen	*Anleihen/Obligationen* ▪ *Straight Bond* ▪ *Floating Rate Note* ▪ *Zero Bond* ▪ *Wandelanleihe* ▪ *Optionsanleihe* ▪ *Aktienanleihe* ▪ *Gewinnschuldverschreibung*
Akzept- u. Diskontkredit } *Wechselkredit*	*Commercial Papers*
Avalkredit	*Genussrechte*
Lombardkredit	
Factoring	
Außenhandelsfinanzierung	

4.3.3 Kurz- und mittelfristige Finanzierungsmöglichkeiten

Kurz- und mittelfristige Fremdkapitalaufnahme dient in erster Linie der Liquiditätsverbesserung und der Finanzierung des Umlaufvermögens.

4.3.3.1 Kontokorrentkredit

Das Kontokorrentkonto ist ein Bankkonto, das sowohl im Haben als auch im Soll geführt werden kann und kurzfristigen Charakter hat. Das heißt, dass es weder zur langfristigen Geldanlage noch zur langfristigen Geldleihe geeignet ist. Das Kontokorrentkonto dient dem Unternehmen zur kurzfristigen Finanzierung, zum Beispiel um Skonti ausnutzen zu können und als Liquiditätsreserve.

Da über ein Kontokorrentkonto (auch laufendes Konto oder Girokonto genannt) laufend Zahlungen ein- und ausgehen, müssen täglich neue Salden Grundlage der Zinsberechnung sein.

Der Kontokorrentkredit kann bis zu einer, durch die Bank eingeräumten, Höhe ausgenutzt werden. Bei Inanspruchnahme innerhalb dieser festgelegten Grenzen, auch Dispositionskredit genannt, wird der „Sollzinssatz für Kontokorrentkredite“ zugrunde gelegt. Dieser liegt gewöhnlich über den Zinssätzen für langfristige Darlehen und deutlich über den Zinssätzen für Einlagen. Gestattet die Bank ihrem Kunden eine Inanspruchnahme über den vereinbarten Kontokorrentkredit-Rahmen hinaus, spricht man von „Überziehung“. Für die Überziehung über das Dispositionslimit hinaus wird ein deutlich erhöhter Zinssatz berechnet.

Für die Höhe und die Konditionen des Kontokorrentkredites, den die Bank zur Verfügung stellt, ist hauptsächlich die Bonität des Kunden ausschlaggebend. Dies ist der Fall, da KK-Kredite normalerweise nicht separat besichert werden, allenfalls in eine Kreditvereinbarung zwischen Bank und Unternehmen miteinbezogen werden.

4.3.3.2 Lieferantenkredit

Bei Einkauf auf Ziel gewährt der Verkäufer (Lieferant) dem Käufer ein **Zahlungsziel**. Das bedeutet, der Käufer muss erst nach der vereinbarten Frist zahlen. Für den Käufer ist dies eine Form der Finanzierung, da er die Ware schon bekommen hat, aber diese nicht unmittelbar bezahlen muss. Zahlungsziele werden gewöhnlich für 10 bis 90 Tage ausgehandelt.

Als Anreiz für den Käufer, seine Rechnungen möglichst schnell und noch vor Ablauf des Zahlungszieles zu begleichen, räumt der Lieferant häufig eine Skontofrist ein. Der so genannte **Skonto** ist ein Nachlass auf den Kaufpreis, der gewährt wird, sofern die Rechnung innerhalb der Skontofrist bezahlt wird.

Die Motivation des Lieferanten, diese Form des Preisnachlasses zu nutzen, ist sein Interesse an einem zügigen Forderungseingang. Damit kann er seine Liquiditätssituation verbessern und unter Umständen selbst auf zusätzliche Finanzierungsquellen von außen verzichten.

Das einkaufende Unternehmen muss nun nach Erhalt einer Rechnung, wie sie oben beschrieben wurde, entscheiden, ob es innerhalb der kürzeren Skontofrist unter Ausnutzung des angebotenen Nachlasses oder erst am Ende des Zahlungsziels bei Verzicht auf den Skonto bezahlen soll.

Um eine Entscheidung treffen zu können, muss das Unternehmen die Kosten des Lieferantenkredites mit den Kosten eines Kontokorrentkredites vergleichen, den es alternativ in Anspruch nehmen müsste. Als Maß für die Kosten dient der jährliche Zinssatz.

Die allgemeine Zinsformel nach dem Zinssatz (p) aufgelöst:

$$Z = K \cdot p \cdot \frac{t}{360} \qquad \Rightarrow \qquad p = \frac{Z}{K} \cdot \frac{360}{t}$$

Als Zinsbetrag muss hier der Skontobetrag verstanden werden, da man diesen bezahlen muss, wenn man den Skonto nicht ausnutzt, also den Lieferantenkredit voll in Anspruch nimmt und am Ende des Zahlungsziels rein netto zahlt. Man kann in die Formel einsetzen:

$$p = \frac{Skontobetrag}{(Nettorechnungsbetrag - Skontobetrag)} \cdot \frac{360}{(Zahlungsziel - Skontofrist)}$$

Beispiel

Rechnungsbetrag	100.000 Euro
Skonto bei Zahlung innerhalb 10 Tagen	1,5%
Zahlungsziel (Zahlung ohne Nachlass)	30 Tage
Zinssatz Kontokorrentkredit	10% p.a.

Es ergeben sich die folgenden Rechengrößen:

Skontobetrag	=	100.000 · 1,5% = 1.500 Euro
Nettorechnungsbetrag – Skontobetrag	=	100.000 – 1.500 = 98.500 Euro
Zahlungsziel – Skontofrist	=	30 – 10 = 20

$$p = \frac{1.500}{(100.000 - 1.500)} \cdot \frac{360}{(30 - 10)} = 0{,}2741 \quad (27{,}41\%\ p.a.)$$

Anschließend sind lediglich die beiden jährlichen Zinssätze zu vergleichen, um die günstigere Alternative herauszufinden. Der Lieferantenkredit ist gewöhnlich teurer als ein Bankkredit. Aus Gründen der nahezu entfallenden Formalien wird er dennoch in Anspruch genommen. Banken sind zur Kreditprotokollierung verpflichtet und zur Hereinnahme von Sicherheiten angehalten. Lieferanten bedienen sich lediglich des Eigentumsvorbehalts und auf eine zeit- und kostenaufwendige Protokollierung wird sämtlich verzichtet.

⇨ Weitere Aufgaben mit Lösungen in den Abschnitten 7 und 8

4.3.3.3 Anzahlung

Bei der Kundenanzahlung sind die Rollen gegenüber dem Lieferantenkredit vertauscht. Hierbei leistet der Kunde bereits vor Erhalt der bestellten Ware eine Anzahlung. Er gibt dem Lieferanten (Hersteller) somit für den Zeitraum bis zum Zeitpunkt der Warenauslieferung einen (Kunden-)Kredit.

Anzahlungen sind in der Praxis zum Zweck einer zusätzlichen Fixierung des Geschäftes (Abnahmegarantie des Käufers und Vertragserfüllungs-/Liefergarantie des Verkäufers) und bei besonders teuren und/oder zeitaufwendigen Bestellungen (z.B. Kraftwerks-, Flugzeug- oder Schiffbau) üblich. Aufträge von Kunden, deren schlechte Liquiditätssituation dem Anbieter bekannt ist, werden gewöhnlich nur gegen prozentual hohe Anzahlungen angenommen.

Der anzahlende Kunde wird, wenn er in der entsprechenden Verhandlungsposition ist, regelmäßig eine Sicherheitenstellung für seine zu leistende Anzahlung fordern. Der Lieferant wird in diesem Falle seine Bank zur Übernahme einer Anzahlungsgarantie (Form des Avals[61]) auffordern.

Oftmals verbindet der Lieferant seinen Wunsch nach einer Anzahlung mit einem Nachlass im Preis. Der Käufer/Kunde hat im Falle einer Wahlmöglichkeit seine Alternativen zu prüfen. Hier ist eine Fallunterscheidung notwendig:

(1) Ist Liquidität vorhanden, steht der Käufer vor der Wahl zwischen einer Geldanlage und der Anzahlung. Ist der Preisnachlass höherwertig als eine Anlage des anzuzahlenden Betrages am Geld- oder Kapitalmarkt? Zahlt der Kunde an, kann er den Betrag nicht mehr anlegen; legt er die Mittel an, kann er die Anzahlung nicht leisten und den damit verbundenen Preis-Nachlass nicht ausnutzen.

(2) Ist keine Liquidität vorhanden, hat der Käufer die Alternativen, einen kurzfristigen (eventuell einen Kontokorrent-) Kredit in Anspruch zu nehmen und damit den mit der Anzahlung verbundenen Preisnachlass zu erhalten oder auf die Anzahlung und damit auf den Preisnachlass zu verzichten. Die entgangene Verbilligung seines Einkaufes stellt für den Kunden Kosten dar, weil er die Möglichkeit gehabt hätte, billiger einzukaufen. Der Mehrbetrag kann als zusätzliche Kosten verstanden werden.

---

[61] Vgl. Kapitel 4.3.3.5.

Die Alternativen müssen in beiden Fällen jeweils miteinander verglichen werden. Die Rechnung ist die gleiche wie bei dem zuvor beschriebenen Lieferantenkredit.

Beispiel

Ihr Lieferant bittet Sie um Leistung einer Anzahlung 180 Tage vor Geschäftserfüllung in Höhe von 100.000 Euro (20% des Nettorechnungs-Betrages) und bietet Ihnen im Gegenzug einen Nachlass von 2,25% auf den angezahlten Kaufbetrag. Lohnt sich für Sie diese Anzahlung bei einem Zinsniveau von 4,15% p.a. für Kapitalanlagen? Ihr Unternehmen befindet sich in einer guten Liquiditätssituation.

Rechengrößen

Netto-Rechnungsbetrag	500.000 Euro
Nachlass-Betrag (2,25% · 100.000 Euro)	2.250 Euro
Möglicher Anlage-Ertrag (0,0415 · 100.000 Euro · ½ [180/360 Tage])	2.075 Euro

Berechnung

$$p = \frac{\textit{Nachlassbetrag}}{\textit{Anzahlungsbetrag}} \cdot \frac{360}{(\textit{Zeitspanne zw. Anzahlung u. Lieferung})}$$

$$p = \frac{2.250}{100.000} \cdot \frac{360}{180} = 0{,}045 \qquad (4{,}5\%\ \text{p.a.})$$

Da der Preisnachlass einer fiktiven Anlageverzinsung des Anzahlungsbetrages von 4,5% p.a. entspricht, lohnt sich die Anzahlung anstatt einer Einlage der Anzahlung zum Kapitalmarkt-Zinssatz.

4.3.3.4 Akzeptkredit und Diskontkredit (Wechselkreditformen)

Aufgrund der abnehmenden Bedeutung des **Wechsels** im Geschäftsleben sollen die zugehörigen Kreditformen nur kurz dargestellt und erläutert werden.

Der Wechsel ist ein Wertpapier, das ein Zahlungsversprechen des Schuldners („Eigener Wechsel“) oder eine Zahlungsanweisung desselben an seine Bank („Gezogener Wechsel“) beinhaltet.[62] Er stellt einen Kredit des Wechselnehmers[63] dar, weil der Wechselschuldner seine Verbindlichkeit erst nach Ablauf der Wechselfrist begleichen muss. Forderungen aus Wechseln sind schnell durchsetzbar aufgrund der so genannten Wechselstrenge. Diese bezeichnet gewisse Regeln und Auflagen, die mit dem Wechselgeschäft verbunden sind.

Ein gezogener Wechsel wird auch „Tratte“ und nach Akzeptierung durch die Bank des Zahlungspflichtigen als eigene Verbindlichkeit „Akzept“ genannt. Hierin wird bereits die erste Form des Wechselkredites, der **Akzeptkredit**, deutlich. Der Bezogene (Bank des Ausstellers) macht den Wechsel durch sein Akzept zum Zahlungsmittel, indem er die wechselrechtliche Haftung für die Einlösung des Wechsels übernimmt. Es handelt sich um **Kreditleihe** des Bezogenen, da er keine eigenen Mittel zur Verfügung stellen muss. Für ihr Akzept berechnet die Bank eine Akzeptprovision, die sich nach dem Betrag des akzeptierten Wechsels richtet.

Die zweite Kreditform, die mit dem Wechsel einhergeht, ist der **Diskontkredit**. Der Wechsel beinhaltet eine Wechselfrist, nach deren Ablauf der Wechselschuldner zu zahlen hat. Hat nun aber ein Unternehmen als Besitzer des Wechsels (Wechselnehmer) Liquiditätsbedarf, so kann es den Wechsel einer Bank „zum Diskont“ einreichen, anstatt ihn bis zum Ablauf der Frist aufzubewahren und danach dem Wechselschuldner vorzulegen. Der Wechsel geht in den Forderungsbestand der Bank über. Es liegt **Geldleihe** des diskontierenden Kreditinstituts vor. Die Bank zahlt den Wechselbetrag unter Abzug eines Diskonts (Zinselement) an ihren Kunden aus.

---

[62] Vgl. Grill/Perczynski, Wirtschaftslehre des Kreditwesens, 2007.

[63] Natürliche oder juristische Person (Unternehmung), die den Wechsel als Zahlungsmittel entgegennimmt.

4.3.3.5 Avalkredit

Bei einem Avalkredit handelt es sich ebenfalls um Kreditleihe, d.h. das Kreditinstitut stellt keine eigenen Mittel sondern eine Garantie oder Bürgschaft zur Verfügung. Dieses Instrument wird genutzt, um Großaufträge in vielfältiger Weise absichern und die Finanzierung darstellen zu können. So kann es sich zum Beispiel um ein Anzahlungsaval, um eine Lieferungs- und Leistungsgarantie oder um eine Zollbürgschaft handeln.

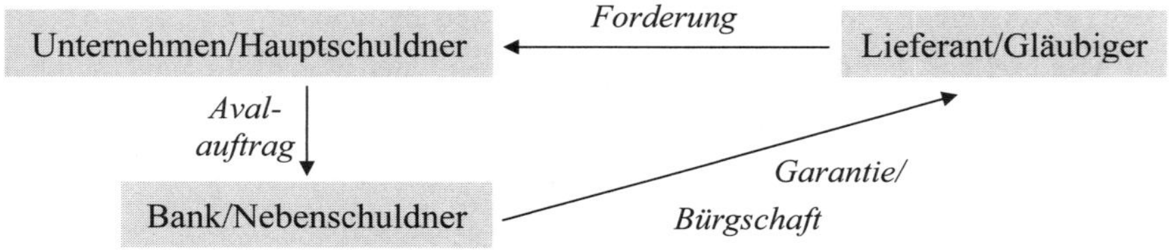

Das Kreditinstitut bürgt mit „seinem guten Namen" und somit mit der eigenen Kreditwürdigkeit. Da keine liquiden Mittel zur Verfügung gestellt werden, gibt es keine Verzinsung des Avalkredits sondern eine Avalprovision, die abhängig von der Bonität des Kunden und der Höhe des Avalbetrages ist.

4.3.3.6 Lombardkredit

Der Lombardkredit ist ein Kredit, der heutzutage überwiegend an Privatkunden vergeben und mit börsengängigen Wertpapieren aus dem Besitz des Kunden besichert wird. Im Ausnahmefall wird er auch Firmenkunden gewährt und mit beweglichen und fungiblen Vermögensgegenständen, darunter Effekten, Waren oder Wechseln, besichert. Eine Verpfändung ist nur bis zu einem bestimmten prozentualen Höchstsatz des Marktwertes der Sicherungsgegenstände möglich. Bonität des Schuldners und Liquidierbarkeit und Werthaltigkeit des Sicherungsgutes sind dabei entscheidend. Speziell bei Aktien sind Bonität (Rating[64]) der Emittentin, das Marktsegment, in dem das Papier gehandelt wird, und die **Volatilität** (Kennzahl für historische Kursschwankungen) ausschlaggebend für die Beleihungshöchstgrenze.

---

64 Siehe Kapitel 6.4.

4.3.3.7 Factoring

Factoring ist das Ankaufen von Forderungen gegen Kunden und die Übernahme des Forderungsmanagements durch so genannte „Factors“ (Forderungskäufer). Das Factoring erfüllt drei Funktionen:[65]

- Der Factor übernimmt durch Ankauf der Forderungen des Factoringnehmers (Factoringkunde) eine **Finanzierungsfunktion**. Der Kunde der Factoringgesellschaft erhält vor Fälligkeit seiner Forderungen zusätzliche Liquidität, da der Factor diese Forderungen unter Einbehalt eines Entgelts und eines Sicherheitsabschlages für Forderungsausfälle unmittelbar nach Forderungsentstehung bevorschusst.

- Zusätzlich beinhalten Factoringverträge häufig die Übernahme des Risikos des Forderungsausfalls. Der Factor befreit den Factoringkunden von dessen Kreditrisiko **(Delkrederefunktion)**. Das Unternehmen gewinnt hierbei Sicherheit in seiner Finanzplanung, da es kein Ausfallrisiko mehr trägt. Der Factor lässt sich diese Übernahme eines häufig erheblichen Risikos mit einem prozentualen Abschlag vom Nominalwert der Forderungen vergüten.

- Nachträglich entstanden ist das Angebot der Factoringgesellschaften, über Finanzierung- und Delkrederefunktion hinaus auch Teile der Verwaltung und Buchhaltung des Kunden zu übernehmen **(Service- oder Dienstleistungsfunktion)**. Die Factoringgesellschaft übernimmt je nach Ausgestaltung des Servicevertrages die Debitoren- (Schuldner-) Buchhaltung, Bonitätsprüfungen, das Mahn- und Inkassowesen und sogar die Rechnungserstellung ihres Kunden.

---

[65] Siehe auch Schwarz, Factoring, 1996, S. 21 ff.

Die Vorteile des Factorings für den Kunden bestehen also in einer Erhöhung seiner Liquidität bei gleichzeitiger Abwälzung des Kreditrisikos aus Umsatztätigkeiten und einer Verringerung seines Verwaltungsaufwands und damit auch seiner Kosten durch Abgabe von administrativen Aufgaben an den Factor. Die Factoringgesellschaft verbucht Erlöse aus Factoringgebühren und in Abhängigkeit von der eigenen Inkassostärke unter Umständen höhere Inkassoquoten und damit niedrigere Ausfallquoten, als diese in Schätzung dem Factoringvertrag zugrunde gelegt wurden.

4.3.3.8 Außenhandelsfinanzierung

Zur Finanzierung von Importen und Exporten stehen, bedingt durch sehr unterschiedliche Bedürfnisse der Unternehmen, zahlreiche Kreditformen zur Verfügung. Es sollen hier nur die wichtigsten betrachtet werden.

Außenhandelstätigkeiten sind in aller Regel im Vergleich zum Binnenhandel mit deutlich erhöhten Risiken verbunden, da außer gesteigerten Bonitäts-, Abnahme- und Transportrisiken, politische Risiken und Währungsrisiken hinzutreten. Diesen Risiken versuchen die verschiedenen Finanzierungsformen Rechnung zu tragen.

4.3.3.8.1 Haftung der Bundesrepublik Deutschland

Von herausragender Bedeutung zur Finanzierung und Sicherung deutscher Exporttätigkeit sind Bürgschaften und Garantien der Bundesrepublik Deutschland, die sich dabei verschiedener Institutionen bedient. Das bekannteste dieser öffentlichen Konsortial-Mitglieder ist die „Hermes Kreditversicherungs-AG“. Das Risiko deutscher Verkäufer (Exporteure) wird durch die staatlichen Forderungs-Absicherungen verringert und dient dem Ziel der Stärkung deutscher Außenhandelstätigkeit. Zu beachten ist, dass der Exporteur bei einem Haftungsfall[66] (den die Bundesrepublik Deutschland zu regulieren hat) selbst immer eine gewisse Selbstbeteiligung tragen muss (Richtwert ca. 20% der Ausfallsumme).

---

[66] In Frage kommen politische und wirtschaftliche Risiken sowie unter Umständen Zahlungsunwilligkeit des Importeurs.

4.3.3.8.2 Rembourskredit

Eine Spezialform des Akzeptkredits ist der so genannte Rembourskredit. Bei dieser Ausgestaltung des Wechselkredits tritt statt eines global nicht etablierten Importeurs eine Bank, die international renommiert ist oder einem renommierten Bankenverbund angehört, an die Stelle des Hauptschuldners. Der Exporteur gelangt damit zu mehr Sicherheit.

4.3.3.8.3 Forfaitierung

Ein weiteres Instrument der Finanzierung ist die Forfaitierung[67]. Sie ähnelt dem Factoring. Der Forfaiteur übernimmt jedoch nicht wie beim Factoring sämtliche Forderungen des Kunden (des Exporteurs), sondern kann auch für einzelne Fälle (unbedingt zu sichernde Außenhandels-Großbetragsforderungen) in Anspruch genommen werden, in denen dem Exporteur keine andere Finanzierung möglich ist. Die relativ teure Forfaitierung wird vorwiegend im Außenhandel genutzt, da sich bei Exportgeschäften höhere Risiken ergeben als im Binnenhandel.

---

[67] Vgl. Wöhe, Einführung in die Allgemeine Betriebswirtschaftslehre, 2000, S. 734 ff.

4.3.4 Mittel- und langfristige Finanzierungsmöglichkeiten

Um eine langfristige Finanzplanung gestalten und den rationalen Finanzierungsregeln entsprechen zu können, sind Unternehmen auf die Beschaffung von langfristigem Fremdkapital zur Finanzierung ihres Anlagevermögens angewiesen. Auch hier gibt es verschiedene Möglichkeiten, die sich hinsichtlich der Kosten, der Fristigkeit und anderer Merkmale deutlich unterscheiden können. Dem Leser soll ein Überblick gegeben und es sollen die grundlegend wichtigen Rechenwege aufgezeigt werden.

Die **effektiven Kosten** eines Darlehens sind abhängig von Nominalzinssatz, Auszahlungskurs, Provisionsberechnung des Darlehensgebers und sonstigen Kosten. Steuerliche Effekte beim Darlehensnehmer werden bei Errechnung der Effektivverzinsung nicht berücksichtigt.

Der Zinssatz für Kredite ist bisweilen nominal aufgeführt. Da zu Vergleichszwecken jedoch ausschließlich der effektive Zinssatz dienlich ist, muss dieser bei fehlender Angabe ermittelt werden.

4.3.4.1 Langfristige Bankdarlehen

Banken vergeben nicht nur diverse kurzfristige Kredite an Unternehmen, sondern gerade auch, quasi als Ursprungsform des Kredites, langfristiges Fremdkapital. Für das Kreditinstitut ergeben sich gegenüber der kurzfristigen Kreditvergabe andere Eigenkapitalhinterlegungspflichten, die hier nicht Grundlage der Betrachtung sein sollen.

Der Kreditbetrag wird gewöhnlich in einer Summe ausgezahlt. Es kann jedoch ein **Disagio**[68] (auch **Damnum** genannt) vereinbart werden. Dabei handelt es sich um eine prozentuale Verringerung des Auszahlungsbetrages gegenüber dem Nominalbetrag. Zum Beispiel werden bei einem Darlehen in Höhe von 100.000 Euro und einem Disagio von 2,5% nur 97.500 Euro ausgezahlt.

---

[68] Agio = Aufgeld; Disagio = Abgeld.

Das Disagio kann als Vorauszahlung auf die Zinslast verstanden werden, obwohl auch in diesem Fall der Nominalbetrag (100.000 Euro) getilgt und verzinst werden muss. Der Nominalzinssatz und damit die Höhe der Annuität verringern sich.[69] Dem Unternehmen steht von Anfang an nur der Nominalbetrag abzüglich des Disagios zur Verfügung.

Handelsrechtlich besteht für das Disagio ein Ansatzwahlrecht. Es kann somit sofort in voller Höhe als Aufwand verbucht werden oder aber über die Laufzeit der Finanzierung abgeschrieben werden. Steuerrechtlich besteht dieses Wahlrecht nicht – es muss stets ein Rechnungsabgrenzungsposten geschaffen werden.

Gestaltungsformen des langfristigen Bankdarlehens

Die Rückflüsse (Raten) aus dem Unternehmen enthalten die beiden Bestandteile Zins und Tilgung. Die Verzinsung kann fest oder variabel gestaltet sein. Im Wesentlichen gibt es drei Formen der Zins- und Tilgungsverfahren.

(1) Endfälliges Darlehen (auch Festdarlehen genannt)

Auszahlung und Rückzahlung erfolgen in einer Summe, das heißt, es erfolgt keine Tilgung während der Laufzeit. Es fallen konstante Zinsen für den gesamten Kreditbetrag an. Dieser Umstand macht das endfällige Darlehen im Vergleich zu anderen Kreditformen mit permanenter Tilgung relativ teurer. Da aber erst am Ende der Laufzeit zu tilgen ist, kann mit dem endfälligen Darlehen auch aus angespannten Liquiditätssituationen heraus finanziert werden, allerdings nur unter der Voraussetzung, dass Kreditgeber die zukünftigen Erfolgsaussichten positiv einschätzen.

---

69 Vgl. Herrling, Spezielle Betriebslehre Banken, 1998, S. 533.

Beispiel

Festdarlehen über 1 Million Euro, Laufzeit 60 Monate, nominal 6% p.a., Ratenzahlung jährlich nachträglich. Die Ratenhöhen und Zahlungszeitpunkte sind anzugeben.

Berechnung

Auszahlung	*1 Million Euro*
4 Raten	*à 60.000 Euro* *(1.000.000 · 6 % = 60.000 Euro pro Jahr)*
Letzte Rate + Rückzahlung	*1.060.000 Euro*

(2) Annuitätendarlehen

Die Raten, die Zins und Tilgung beinhalten, haben über die gesamte Laufzeit eine konstante Höhe. Solche konstanten Raten nennt man Annuitäten. Zunächst ist der Zinsanteil an der Rate höher und fällt mit Fortschreiten der Laufzeit, da der zu verzinsende, noch nicht zurückgezahlte Betrag mit jeder Rate fällt, die Ratenhöhe aber gleich bleibt.

Folgende drei Parameter determinieren die Annuität:

- Kreditbetrag
- Zinssatz nominal
- Laufzeit

Es kann jedoch auch aus der Vorgabe der Annuität und zweier Parameter der dritte Parameter berechnet werden. Solch ein Fall ist zum Beispiel gegeben, wenn ein potentieller Schuldner nur einen begrenzten verfügbaren Betrag für Zins- und Tilgungszahlungen aufbringen kann und die Finanzierung unter dieser Vorgabe geschehen muss.

Formel Annuitätenberechnung

$$\text{Annuität } (A) = K \cdot \frac{q^n \cdot (q-1)}{q^n - 1}$$

			(Beispiel 5% p.a.)
i	=	Zinssatz p.a.	*(0,05)*
q	=	1 + i	*(1,05)*
n	=	Laufzeit in Jahren	
K	=	Kreditbetrag nominal	

Anmerkung: Den Ausdruck $\left(\frac{q^n \cdot (q-1)}{q^n - 1}\right)$ bezeichnet man in der Investitionsrechnung auch als Kapital-Wiedergewinnungs-Faktor. Für verschiedene Laufzeiten und Zinssätze gibt es hierfür Beispiel-Tabellen.

Beispiel

Kredit über 1 Million Euro, Laufzeit 60 Monate, nominal 6% p.a., Ratenzahlung jährlich. Die Höhe der Annuität ist zu errechnen und der Tilgungsplan vollständig aufzustellen.

Berechnung

$$\mathbf{A} = K \cdot \frac{q^n \cdot (q-1)}{q^n - 1} = 1.000.000 \text{ Euro} \cdot \frac{(1{,}06)^5 \cdot (1{,}06 - 1)}{(1{,}06)^5 - 1} \approx \mathbf{237.396{,}40\ Euro}$$

Es sind bei annuitätischer Tilgung also 5 Raten à 237.396,40 Euro zu zahlen.

Tilgungsplan (Daten aus obigem Beispiel) [alle Werte in Euro]

Periode	*Verbleibender Kreditbetrag vor Periodenende*	*Annuität (wie errechnet)*	*Davon Zins*	*Davon Tilgung*	*Verbleibender Kreditbetrag nach Periodenende*
t_j	K_j	$A = (Z_j + T_j)$	$Z_j = (i \cdot K_j)$	$T_j = A - Z_j$	$K_{(j+1)}$
t_0					**1.000.000**
t_1	1.000.000	237.396,40	60.000	177.396,40	**822.603,60**
t_2	822.603,60	237.396,40	49.356,22	188.040,18	**634.563,42**
t_3	634.563,42	237.396,40	38.073,81	199.322,59	**435.240,83**
t_4	435.240,83	237.396,40	26.114,45	211.281,95	**223.958,88**
t_5	223.958,88	237.396,40	13.437,53	223.958,87	**≈0,00**[70]

Wie das Beispiel zeigt, enthält die erste Annuität den höchsten Zinsanteil, da der ausstehende, noch zu verzinsende Betrag (K_j) gerade der Darlehenssumme entspricht. In t_1 ist die erste und in t_5 die letzte Annuität zahlbar. Mit jeder gezahlten Annuität verringert sich die Restschuld, deren Verzinsung in der jeweils nächsten Annuität enthalten ist. Somit steigt mit jeder Zahlung der Tilgungsanteil und sinkt der Zinsanteil an der Annuität.

[70] Rundungsdifferenz.

(3) Abzahlungsdarlehen

Bei dieser Form des Darlehens ist die Tilgungsrate stets gleich hoch. Das bedeutet, dass die Gesamtrate über die Laufzeit ständig fällt, da die Zinslast mit jeder Rate sinkt.

Die Liquiditätsbelastung des Darlehensnehmers ist am Anfang der Darlehenslaufzeit enorm hoch und wird gegen Ende sehr gering. Mit diesem Instrument erhöht man, mit ähnlicher Wirkung wie mit einem Disagio, den steuerlich abzugsfähigen Aufwand zu Darlehensbeginn zugunsten einer späteren Entlastung.

Beispiel

Abzahlungsdarlehen über 1.000.000 Euro, Laufzeit 5 Jahre, nominal 6% p.a., Ratenzahlung jährlich.

Ermittlung der Ratenbeträge: [alle Werte in Euro]

Rate in t_i	**Restschuld vor Rate**	**Zinslast**	**Tilgung**	**Gesamtrate**
t_1	1.000.000	60.000	200.000	260.000
t_2	800.000	48.000	200.000	248.000
t_3	600.000	36.000	200.000	236.000
t_4	400.000	24.000	200.000	224.000
t_5	200.000	12.000	200.000	212.000

⇨ Weitere Aufgaben mit Lösungen in den Abschnitten 7 und 8

Vergleich der Zahlungsströme (Liquiditätsbelastungen) für die drei langfristigen Bankkredit-Formen anhand des behandelten Beispiels

(1 Million Euro, 60 Monate, 6% p.a.):

Form des Kredites	**Fest-darlehen**		**Annuitäten-darlehen**		**Abzahlungs-darlehen**	
Jahre (t_i)	**Rate gesamt**		**Rate gesamt**		**Rate gesamt**	
	davon Zins	dav. Tilgung	Zins	Tilgung	Zins	Tilgung
t_1	**60.000**		**237.396,40**		**260.000**	
	60.000	---	60.000	177.396,40	60.000	200.000
t_2	**60.000**		**237.396,40**		**248.000**	
	60.000	---	49.356,22	188.040,18	48.000	200.000
t_3	**60.000**		**237.396,40**		**236.000**	
	60.000	---	38.073,81	199.322,59	36.000	200.000
t_4	**60.000**		**237.396,40**		**224.000**	
	60.000	---	26.114,45	211.281,95	24.000	200.000
t_5	**1.060.000**		**237.396,40**		**212.000**	
	60.000	1.000.000	13.437,53	223.958,87	12.000	200.000
gesamt	**1.300.000**		**1.186.982**		**1.180.000**	
	300.000	1.000.000	186.982	1.000.000	180.000	1.000.000

[Werte in Euro]

Wie man sehen kann, ist das Festdarlehen deutlich das teuerste der drei Darlehen. Die anderen beiden unterscheiden sich in ihren Gesamtkosten nur in geringem Maße. Entscheidend für die Gesamtkosten ist lediglich die Zinslast, da die Tilgung jeweils exakt den aufgenommenen Betrag in Höhe von 1 Million Euro ausmacht. Für die Höhe der Zinslast ist entscheidend, wie lange das Geld dem Kreditnehmer vor Rückzahlung zur Verfügung steht, beziehungsweise wie lange der Kreditgeber nicht über seine Mittel verfügen kann. Je früher getilgt wird, desto weniger Zinsen werden fällig.

4.3.4.2 Schuldscheindarlehen

Schuldscheindarlehen (bonded loans) sind eine Sonderform des langfristigen Darlehens (in der Regel 5 bis 15 Jahre Laufzeit). Es handelt sich bei Schuldscheinen nicht um börsengängige Wertpapiere, sondern um Beweisurkunden, deren Übergabe und Zession[71] häufig die Zustimmung der darlehensnehmenden Unternehmung voraussetzt. Ähnlich dem Fall der vinkulierten Namensaktie ist das Unternehmen daran interessiert, seine Gläubiger zu kennen und Abhängigkeiten (zum Beispiel einer Übernahme) zu entgehen.

Die eingeschränkte Fungibilität kommt in einer Nominalverzinsung über der Verzinsung vergleichbarer Anleihen zum Ausdruck. Unter dem Strich ist die Finanzierung über Schuldscheindarlehen aber aufgrund entfallender Emissions- und Verwaltungskosten dennoch billiger als eine Anleihenbegabe. Trotzdem ist die Anleihe wegen ihrer besseren Handelbarkeit und dem damit größeren Gläubigermarkt wesentlich bedeutender.

Unternehmen erstklassiger Bonität platzieren Millionenbeträge direkt oder über Makler (Banken) bei interessierten Großanlegern. Es haben auch solche Unternehmen über Schuldscheindarlehen Zugang zu Großkrediten, für welche die Begabe einer Anleihe nicht in Frage kommt, weil ihr Kreditbedarf für eine rentable Anleiheemission zu gering ist.

Im Unterschied zum klassischen Darlehen treten nicht vorwiegend Banken als Gläubiger auf, sondern traditionell Versicherungsunternehmen, die auf deckungsstockfähige[72] Anlage ihrer eingezahlten Kundengelder angewiesen sind. Diese Voraussetzung der Deckungsstockfähigkeit erzwingt beste Bonität der Darlehensnehmer.

---

[71] Siehe Kapitel 4.6.

[72] Deckungsstock: Summe der Verbindlichkeiten eines Versicherers gegenüber seinen Kunden aus den Sparanteilen der Versicherungsprämien. Getätigte Anlagen des Versicherers müssen den Auflagen des Gesetzgebers bezüglich ihrer Sicherheit genügen.

4.3.4.3 Anleihen

4.3.4.3.1 Überblick

Bei Anleihen (bonds) handelt es sich um Schuldverschreibungen, also um verbriefte Kredite. Man nennt sie auch Obligationen oder Renten. Anleihen sind verzinsliche Wertpapiere, die eine Geldforderung des Gläubigers gegenüber dem Schuldner, dem Emittenten der Schuldverschreibung, darstellen. Da Anleihen nur in großen Tranchen (normalerweise ab 500.000 Euro) begeben werden, wird die gesamte Schuldverschreibung in viele, kleinere Teilschuldverschreibungen gestückelt. Der erreichbare Gläubigermarkt wächst.

Gewöhnlich übernimmt ein Bankenkonsortium die Unterbringung der Anleihe am Markt und stellt dem Unternehmen sofort den vollständigen Anleihewert zur Verfügung. In der Regel haben nur sehr große Kapitalgesellschaften die Möglichkeit, auf dieses Finanzierungsinstrument zurückzugreifen, da nur sie die hohen Kosten der Begabe tragen können.

Anleihen werden sehr häufig nicht zum Kurs von 100%, **„zu pari“** (= wie der Nennwert) ausgezahlt und zurückgezahlt. Bei Kursen unter 100% spricht man von Kursen **„unter pari“** und entsprechende Kurse über 100% werden mit **„über pari“** bezeichnet.

Die Differenz zwischen dem Nominalkurs (100%) und einem Auszahlungskurs unter pari nennt man wiederum **„Disagio“**.

> Anleihen, die *unter pari* emittiert und *zu pari* oder *über pari* zurückgezahlt werden, sind effektiv höher verzinst als nominal (ohne Berücksichtigung anderer Ertrags- und Kostenfaktoren), da zu dem Zinsertrag ein Kursgewinn bei Rückzahlung hinzukommt.

Bei entsprechenden Kursen *über pari* spricht man von einem **„Agio"** (auch Aufgeld genannt).

Bei Emission über pari (Ausnahmefall) und Rückzahlung zu pari liegt der Effektivzinssatz unter dem Nominalzinssatz, weil ein Teil des Zinsertrages durch den Rückzahlungsverlust egalisiert wird.

Da ein Disagio einen Aufwand der Kapitalbeschaffung für das emittierende Unternehmen darstellt, kann es unter Umständen steuerlich geltend gemacht werden, indem es über die Dauer der Anleihefinanzierung anteilig abgeschrieben wird.

Generell gilt, dass, wenn das Kapitalmarktniveau für Anlagen unter dem Zinssatz einer Anleihe liegt, diese Anleihe in der Regel zu einem Kurs über 100% an den Börsen notieren wird. Ist die Anleihe allerdings mit einem niedrigeren Zins ausgestattet, als ihn der Kapitalmarkt momentan bietet, wird die Anleihe zu einem Kurs unter 100% gehandelt werden. Bei dieser Betrachtung bleiben Sonderrechte unberücksichtigt.

Veränderungen des allgemeinen Zinsniveaus machen sich direkt in den Kursen bereits bestehender Anleihen bemerkbar.

Unterscheidungsmerkmale

Anleihen gibt es in vielerlei Varianten. Sie unterscheiden sich hinsichtlich der Währung, des Emittenten, der Ausstattung mit Zinskupon (Zinsberechtigungsschein), der Tilgung, der Laufzeit und eventueller Ausstattung mit Sonderrechten. In diesem Buch können nicht sämtliche existenten Formen der Anleihe behandelt werden. Deshalb werden ein Überblick und detailliertere Informationen nur zu ausgewählten wichtigen und geläufigen Anleiheformen gegeben.

Bezüglich der Währung unterscheidet man **Euroanleihen** und **Währungsanleihen**. In diesem Fall wird der Begriff „Währung" aus dem Sprachjargon der Bankenlandschaft übernommen und bedeutet „fremde Währung", also jegliche bis auf die eigene, inländische Währung.

Als Emittenten von Anleihen treten auf:

Öffentliche Hand	***Unternehmen der Privatwirtschaft***	
Öffentliche Anleihen	**Industrieobligationen**	**Bankschuldverschreibungen**
Beispiele Bundes-, Landes- und Stadtanleihen[73] Bundesschatzbriefe Finanzierungsschätze	*Beispiele* Klassische Obligation Wandel-, Aktien- und Optionsanleihen Gewinnschuldverschreibungen	*Beispiele* Pfandbriefe (nur Realkreditinstitute[74]) Wandel-, Aktien- und Optionsanleihen Gewinnschuldverschreibungen

Auch fremde Staaten und ausländische Unternehmen nutzen die Anleihe als Finanzierungsinstrument. Alle nicht aus dem Inland stammenden Schuldverschreibungen heißen Auslandsanleihen, unabhängig von ihrer Währung.

---

[73] Stadtanleihen werden auch als „Kommunalanleihen" bezeichnet.

[74] Realkreditinstitute: Spezialkreditinstitute zur Bereitstellung langfristiger Kredite zur Immobilien-, Schiffs- und Kommunalfinanzierung durch Emission von Schuldverschreibungen.

So wie jeder ausländische Emittent Euroanleihen begeben kann, haben auch inländische Institutionen die Möglichkeit, Währungsanleihen zu begeben. Ein deutsches Industrieunternehmen kann demzufolge zum Beispiel eine US-Dollaranleihe emittieren. Die Unabhängigkeit der Anleihen-Währung vom regionalen Sitz der emittierenden Institution wird deutlich. Von Doppelwährungsanleihen spricht man, wenn Auszahlung, Rückzahlung und Verzinsung in zwei verschiedenen Währungen erfolgen.

Unterscheidet man Anleihen nach der Art der Zinszahlung, ergibt sich ein Bild wie folgt:

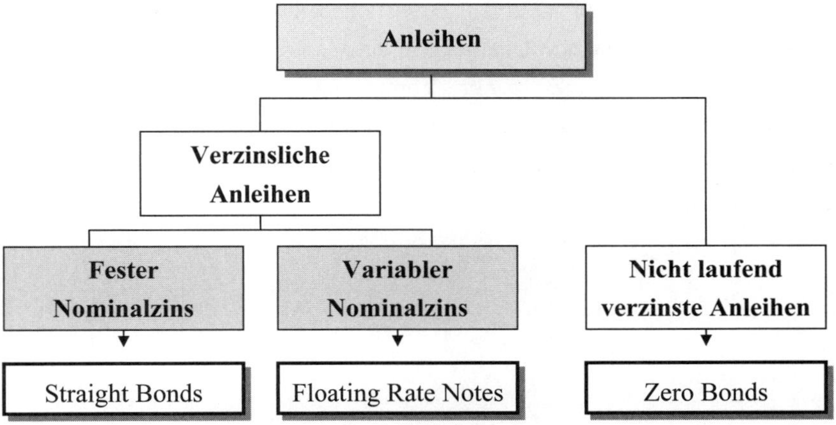

Je nach den individuellen Überlegungen der emittierenden Institution kann die Formulierung in den Anleihebedingungen eine der nahezu unbegrenzt vielen Formen der Zinszahlung vorsehen. Auch das Gesetz ist sehr flexibel in der Anerkennung innovativer Anleiheformen (meist aus dem angloamerikanischen Raum stammend), solange es keine Hinweise gibt, dass die Gläubiger in ihrer Rechtsposition geschwächt oder finanziell geschädigt werden könnten.[75]

---

[75] § 2 Börsenzulassungsverordnung.

Aufgrund zahlreicher Einflussfaktoren ist die Nominalverzinsung als Maß für die Renditestärke einer Anleihe nicht geeignet. Also muss auf die Effektivverzinsung zurückgegriffen werden. Diese ist in Kapitel 2.5 für alle Formen der Finanzierung und Anlage ausführlich beschrieben.

Die oben abgedruckte Unterteilung der Obligationen hinsichtlich der Verzinsung ist bei genauerer Betrachtung nicht letztlich erschöpfend, da es auch hier Mischformen gibt.

Als ein Beispiel seien „*Convertible Floating Rate Notes*“ genannt. Bei dieser Obligation mit anfänglich variablem Zinssatz haben Gläubiger und/oder Schuldner ein Wandlungsrecht zum Übergang in einen „*Straight Bond*“, also eine festverzinsliche Obligation. Zeitpunkt, Voraussetzungen und Berechtigte einer Zinsmodellkonvertierung sind in den Anleihebedingungen festzulegen und Anleihegläubiger sind auf das daraus unter Umständen erwachsende Risiko detailliert hinzuweisen.

Nach der Art und dem Zeitpunkt der *planmäßigen* Rückzahlung unterschieden, ergibt sich die nachstehende Übersicht:

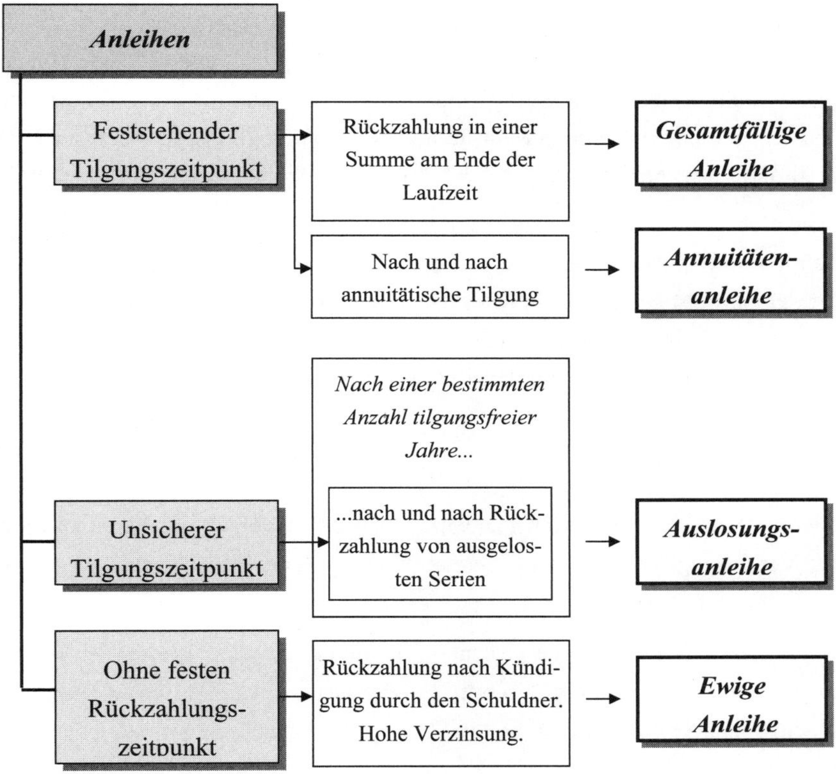

Außerplanmäßige Tilgungsmöglichkeiten können in den Anleihebedingungen für den Schuldner und den Gläubiger vorgesehen sein. In der Regel hat aber allenfalls der Emittent als Anleiheschuldner die Möglichkeit zur außerplanmäßigen (vorzeitigen) Tilgung. Möchte der Gläubiger sein Darlehensverhältnis vor dem Rückzahlungszeitpunkt beenden, so kann er seine Teilschuldverschreibungen an der Börse verkaufen. Ebenso kann der Emittent seine Anleihe-Verbindlichkeiten vorzeitig reduzieren, indem er an der Börse die eigenen Teilschuldverschreibungen ankauft.

4.3.4.3.2 Grundformen der Anleihe

Festverzinsliche Anleihen / Straight Bonds

Straight Bonds stellen die klassische Normalform der festverzinslichen Anleihe dar. Laufzeit und Zinssatz sind von vorneherein festgelegt und spezielle Sonder- oder Wandlungsrechte gibt es bei ihnen nicht. Die Zinsen werden in Deutschland *jährlich nachträglich* gezahlt. In anderen Staaten gibt es teilweise auch unterjährige Zinszahlungen (¼-jährlich oder ½-jährlich nachträglich).

Fälschlicherweise werden häufig Industrieobligationen als der klassische Normaltypus der großen Familie der Obligationen angeführt. Sie sind aber nur eine Art der Straight Bonds. So begeben Staaten und Banken ebenfalls Anleihen in der klassischen Form, diese fallen aber unter den Oberbegriff der öffentlichen Anleihen beziehungsweise der Bankschuldverschreibungen.

Variabel verzinsliche Anleihen / Floating Rate Notes

Wie der Name bereits verrät, handelt es sich um Anleihen mit variablem Satz der Verzinsung. In Kurzform werden Floating Rate Notes auch einfach nur „Floaters“ genannt.

Der Zinssatz ist nicht für die gesamte Laufzeit der Anleihe sondern jeweils nur für gewisse Perioden (meist 3, 6 oder 12 Monate) festgelegt. Nach Ablauf dieser, in den Anleihebedingungen fixierten, Zeitspanne wird die Zinszahlung nachträglich fällig und der Emittent gibt den Zinssatz für die nächste Zinsperiode bekannt.

Bei der Ermittlung der Zinssätze für die einzelnen Perioden hat sich der Emittent an einen, ebenfalls in den Anleihebedingungen bestimmten, Referenzzinssatz (z.B. EURIBOR[76]) zu halten.

[76] **Eur**opean **I**nter**b**ank **O**ffered **R**ate: Durchschnittszinssatz für Anlagen im Wirtschaftsbereich der Europäischen Währungsunion im Interbankengeschäft für verschiedene Laufzeiten.

Die Ausgestaltungsmöglichkeiten bezüglich dieser Vorschrift zur Ermittlung des Zinssatzes sind äußerst vielfältig:

> *Beispiel für die Vorschrift der Zinssatzermittlung*
>
> *„Der Zinssatz für jede dreimonatige Zinsbindungsperiode hat nach folgender Berechnung festgestellt zu werden:*
>
> *3-Monats-EURIBOR + 110 Basispunkte*[77]*, Stichtag ist der 10. Arbeitstag vor Ende der laufenden Zinsperiode"*

Es können Obergrenzen („Caps") und Untergrenzen („Floors") für die Spanne des möglichen Zinssatzes vorgegeben werden.

> *Beispiel*
>
> *„6-Monats-LIBOR*[78] *+ 135 Basispunkte, mindestens jedoch 3,825% p.a. (= Floor) und höchstens 7,000% p.a. (= Cap)"*

Es gibt auch Varianten, die zu *„Inversefloatern"* führen. Das bedeutet, dass die Veränderung des zu zahlenden Zinssatzes der Entwicklung des Referenzzinssatzes gegenläufig ist.

> *Beispiel*
>
> *„(10,25% p.a.) – (12-Monats-LIBOR)"*
>
> *Diese Zuordnung impliziert steigende Anleiheverzinsung bei fallendem LIBOR und anders herum.*

---

[77] 1 Basispunkt = 0,01% oder 1% = 100 Basispunkte.

[78] **L**ondon **I**nter**b**ank **O**ffered **R**ate: Zinssatz am Londoner Kapitalmarkt (analog „EURIBOR").

Zur Beurteilung von *Floating Rate Notes* sind also das gewählte Modell der Zinssatzermittlung sowie der zugrunde gelegte Referenzzinssatz von Bedeutung. Diese beiden Größen entscheiden im Wesentlichen über Chance und Risiko für das emittierende Unternehmen und für den Anleihegläubiger.

Anleihen ohne laufende Verzinsung / Zero Bonds

Zero Bonds sind Anleihen ohne Zinskupon; das heißt, sie sind nicht laufend verzinst. Doch trotz fehlender laufender Verzinsung bieten Zero Bonds einen Ertrag, der in Form eines hohen Rückzahlungsgewinns anfällt. Der Auszahlungskurs ist zumeist ein stark abgezinster Kurs und es wird zu pari zurückgezahlt. Es gibt also nur einen einzigen Zeitpunkt der Ertragsrealisation. Werden Zero Bonds bis zu deren Fälligkeit gehalten und beträgt die Haltedauer mehr als 12 Monate, so ist der realisierte Rückzahlungsgewinn nicht steuerpflichtig. Wird ein Zero Bond jedoch innerhalb von 12 Monaten nach Kauf wieder verkauft, so stellt der realisierte Ertrag unter steuerlichen Gesichtspunkten einen Zinsertrag dar und ist damit steuerpflichtig.

Dieses Instrument der Finanzierung kommt dem möglichen Wunsch von Unternehmen nach, während der Laufzeit der Finanzierung durch eine Anleihe keinerlei Liquiditätsbelastung zu haben und im Ausgleich dafür am Ende der Laufzeit bei Rückzahlung einmalig hohe Kosten zu präferieren.

Die periodische Verschiebung von Ertrag und Kosten im Unternehmen wird deutlich. Es müssten also im Idealfall Rechnungsabgrenzungsposten im Unternehmen geschaffen werden.

Zero Bonds sind speziell für Anleger geeignet, die für einige Jahre zum Beispiel aus steuerlichen Gründen keine Erträge wünschen.

Durchschnittliche und effektive Verzinsung sind bei dieser Anleiheform besonders leicht zu ermitteln, da es nur 2 Zahlungsströme gibt: Auszahlung und Rückzahlung.

Beispiel 1

Eine Zero Bond-Teilschuldverschreibung im Nominalwert von 1.000 Euro wird zu einem Auszahlungskurs von 850 Euro emittiert. Die Laufzeit beträgt 24 Monate.

Errechnung durchschnittliche Verzinsung

$$\varnothing\,\mathrm{i} = \frac{\dfrac{\mathit{Rückzahlungsbetrag} - \mathit{Auszahlungsbetrag}}{\mathit{Laufzeitjahre}\ (t)}}{\mathit{Auszahlungsbetrag}(K)} = \frac{\dfrac{1.000 - 850}{2}}{850} \approx 0{,}08824$$

Die durchschnittliche Verzinsung beträgt 8,824% p.a.

Beispiel 2

Es soll die Effektivverzinsung des oben beschriebenen Zero Bonds bestimmt werden.

Da es bei Zero Bonds nur zwei Zahlungsströme gibt, entspricht die Berechnung des effektiven Zinssatzes der einfachen Zinseszins-Methode:

$$K_n = K_0 \cdot (1+i)^n \quad \Leftrightarrow \quad K_n = K_0 \cdot (1+i)^n \quad \Leftrightarrow \quad (1+i)^n = \frac{K_n}{K_0}$$

$$(1+i) = \sqrt[n]{\frac{K_n}{K_0}} \quad \Leftrightarrow \quad i = \sqrt[n]{\frac{K_n}{K_0}} - 1 \quad \Leftrightarrow \quad i = \left(\sqrt[2]{\frac{1.000}{850}}\right) - 1 \approx 0{,}0847$$

Der effektive Zinssatz (r) entspricht hier dem Zinseszins-Satz (i) von 8,47% p.a.

4.3.4.3.3 Anleiheformen mit Sonderrechten

Wandelanleihen / Convertible Bonds

Die Wandelanleihe beinhaltet das Recht (keine Pflicht) für den Anleger, seine Teilschuldverschreibungen innerhalb einer bestimmten Frist und unter bestimmten Zuzahlungen in einem festgesetzten Verhältnis in Aktien der emittierenden Gesellschaft (Aktiengesellschaft (AG) oder Kommanditgesellschaft auf Aktien (KGaA)) zu wandeln. Die Anleihe geht bei Wandlung unter, sie existiert nicht fort.

Sie gehört zu den Mischformen der Außenfinanzierung, da sie zu Beginn als Obligation ein Mittel der Fremdfinanzierung und ab dem Zeitpunkt der Wandlung in Aktien eine Form der Eigenfinanzierung darstellt. Vor Begabe einer Wandelschuldverschreibung ist eine bedingte Kapitalerhöhung notwendig, weil das Eigenkapital in nicht bestimmbarer Höhe entsprechend der tatsächlichen Wandlungsentscheidungen der Anleger erhöht wird.

Wie es bei Kapitalerhöhungen gemäß den gesetzlichen Anforderungen stets zu geschehen hat, ist auch bei der Wandelanleihe den Altaktionären der Gesellschaft ein Bezugsrecht einzuräumen, um sie vor Verwässerung der Aktionärsrechte (Stimmrechtsverhältnis, Gewinnanteil) zu schützen.

In den Anleihebedingungen zu regeln sind:

1. *Wandlungsfrist*

   Sie beginnt gewöhnlich einige Monate oder Jahre nach Emission und endet kurz vor Ende der Laufzeit;

2. *Wandlungsverhältnis*

   Wie viele Teilschuldverschreibungen welchen Nennwertes sind gegen welche Anzahl an Aktien der Gesellschaft zu tauschen (zum Beispiel 2 Teilschuldverschreibungen à 1.000 Euro zu tauschen gegen 9 auf den Inhaber lautende Stammaktien);

3. *Zuzahlung*

   Bei Wandlung zu entrichtende Zuzahlung pro Aktie. Als ein Mittel der Einflussnahme der Gesellschaft auf den Zeitpunkt der Wandlungsentscheidung des Anlegers sind die Zuzahlungen oftmals in betraglich gestaffelter Weise festgelegt. Wird zum Beispiel die Zuzahlung mit Abnahme der Restlaufzeit der Wandelanleihe immer höher, ist dies ein Anreiz für frühes Tauschen in Aktien.

Verzichtet der Anleger auf Wandlung, wird die Anleihe am Ende der Laufzeit zum Rückzahlungskurs getilgt. Wandelt er hingegen in Aktien, so entfällt sein Rückzahlungsanspruch gegen den Anleiheschuldner.

Als „Preis der Chance" auf beträchtliche Erträge bei günstigem Kursverlauf der Aktie sind Wandelschuldverschreibungen regelmäßig mit einem Nominalzinssatz ausgestattet, der unter dem Kapitalmarktniveau für klassische Anleihen liegt.

Optionsanleihen / Option Bonds

Option Bonds (auch Warrant-linked Bonds genannt) gewähren zusätzlich zu dem, in der Anleihe verbrieften, Gläubigerrecht ein Bezugsrecht auf Aktien der Emittentin (sog. Basiswert) unter Zuhilfenahme von Optionsscheinen (Warrants).

Die Optionsanleihe kann sowohl mit Optionsschein („cum"/„m.O.") als auch ohne diesen („ex"/„o.O.") gehandelt werden. Die Möglichkeit, die Papiere voneinander zu trennen (engl.: „to strip") hat den Hintergrund, dass die Optionsanleihe im Unterschied zur Wandelanleihe bei Bezug der Aktien nicht untergeht, sondern als festverzinsliche Obligation ohne weitere Sonderrechte fortbesteht.

Die Möglichkeit, mit einer Optionsanleihe bei günstigem Kursverlauf des Basiswertes hohe Renditen zu erzielen, drückt sich in einer sehr niedrigen Nominalverzinsung aus. Option Bonds ohne Warrant notieren daher in aller Regel unter pari.

Die Rendite einer Optionsanleihe bestimmt sich über den Nominalzins plus aller zusätzlichen Erträge und Kosten aus dem Optionsgeschäft. Die einfachste Handhabung des Optionsscheines ist ein Verkauf desselben, ohne Aktien liefern zu lassen.

Optionen können nicht nur in Verbindung mit Optionsanleihen sondern auch als eigenständige Wertpapiere emittiert und an Börsen gehandelt werden.

Das Kapitel 4.5 befasst sich eingehend mit derivativen Finanzinstrumenten.

Aktienanleihen / Reverse Convertible Bonds

Die Aktienanleihe ist eine kurzlaufende Schuldverschreibung mit fester Nominalverzinsung, bei der die emittierende Kapitalgesellschaft am Ende der Laufzeit das Wandlungs-Wahlrecht hat, entweder in einer zuvor festgelegten Menge an Aktien einer bestimmten (nicht zwingend der emittierenden) Gesellschaft zurückzuzahlen oder die Anleihe zum Nennwert zu tilgen. Selbstverständlich wird die Emittentin nur dann wandeln, wenn es sich für sie finanziell lohnt, das heißt, die anzudienenden Aktien in ihrem Wert niedriger sind als der Nominalbetrag der Aktienanleihe.

Der Anleger ist somit Stillhalter einer Put-Option, da die Gegenseite die Wahl hat, Aktien zu liefern oder zurückzuzahlen. *Er trägt also ein erhebliches Verlustrisiko.*

Dieses Risiko wird in einem deutlichen Aufschlag im Zinssatz gegenüber einer vergleichbaren klassischen Anleihe „gepreist". Aufgrund des sehr hohen Zinssatzes kann der Anleger trotz Andienung der Aktien einen höheren Ertrag erwirtschaften als mit minderriskanten Anlageinstrumenten.

Derjenige Aktienkurs, bei dem (und darunter) der Anleger einen Nettoverlust erzielt, also der Gegenwert (Verkaufserlös) der überlassenen Aktien zuzüglich der Zinszahlungen unterhalb des eingesetzten Kapitals (Auszahlung) liegt, nennt man Referenzkurs.

Beispiel

„Reverse Convertible Bond, X-AG, Nominalzinssatz 10,5% p.a., Laufzeit 18 Monate, 01.05.2008 bis 31.10.2009. Die Anleihe wird zum Nennbetrag von 1.000 Euro oder durch Lieferung von 12 Stücken Z-AG-Namensaktien getilgt. Die Emittentin X hat eine Wandlungsabsicht am 10.10.2008 unwiderruflich zu bekunden."

Berechnung

a) Basispreis der Z-Aktie, unterhalb dem die Wandlung für die Emittentin des RCB attraktiv ist:

$$\text{Basispreis} = \frac{1.000}{12} = 83{,}33 \text{ Euro}$$

Die emittierende Gesellschaft wird bei einem Kurs am 10.10.08 unterhalb 83,33 Euro Wandlungsabsicht bekannt geben.

b) Referenzkurs

Zinsbetrag (Z) + (Anzahl Aktien · Referenzkurs) ≤ Auszahlung

$$\text{Referenzkurs} \leq \frac{(\text{Auszahlungskurs} - \text{Zinsertrag})}{\text{Anzahl Aktien}} = \frac{1.000 - 157{,}50}{12} = 70{,}21 \text{ Euro}$$

Notieren die angedienten Aktien bei Fälligkeit des Reverse Convertible Bonds unter der Marke von 70,21 Euro, gerät der Anleger insgesamt in die Verlustzone.

4.3.4.3.4 Gewinnschuldverschreibung (adjustment bond)

Die Gewinnschuldverschreibung ist eine heutzutage weitestgehend nicht mehr existente Unterart der Obligation und soll daher nur erwähnt sein. Sie beteiligte den Anleihegläubiger zusätzlich zur festen Anleiheverzinsung am Unternehmensgewinn. Für gewöhnlich wurden in einem bestimmten Verhältnis zur ausgeschütteten Dividende Sonderzinsen gewährt. Der hohe Verwaltungsaufwand für die emittierende Gesellschaft (den Aktionären musste zum Beispiel ein Bezugsrecht auf die Gewinnschuldverschreibung eingeräumt werden) und das hohe Ertragsrisiko (Abhängigkeit von Ertragskraft und Gewinnverwendungs-Entscheidung der Emittentin) für den Anleger drängten die Gewinnschuldverschreibung in ihrer Bedeutung als Finanzierungsinstrument zurück.

4.3.4.3.5 Commercial Paper

Es handelt sich um abgezinst emittierte, kurzlaufende Inhaberschuldverschreibungen (eine Form der Zero Bonds). Commercial Papers (CP) gehören trotz ihrer kurzen Laufzeit von 7 Tagen bis zwei Jahren zu den Schuldverschreibungen und sollen daher an dieser Stelle behandelt werden.

Eine Begabe dieses Papiers ist trotz des Platzierungsrisikos, das der Emittent uneingeschränkt selbst trägt, sich also keine Bank zur Abnahme des gesamten Emissionsvolumens verpflichtet, aufgrund niedriger Kosten und hoher Flexibilität sehr attraktiv. Außergewöhnlich flexibel sind Commercial-Paper-Programme, da sich Banken als so genannte „Arrangeure", vergleichbar einer Kreditlinie, verpflichten, eine unbegrenzte Anzahl an Tranchen bis zu einem gewissen Höchstbetrag zu platzieren. Kostengünstig sind sie, weil nur minimale Emissionskosten entstehen und der Nominalzinssatz infolge kurzer Laufzeit[79] und überdurchschnittlicher Bonität des Emittenten (Voraussetzung) sehr niedrig ist.

---

[79] Bei einer normalen Zinsstruktur sind kurze Laufzeiten niedriger verzinst als längere. Dies wird als Normalfall bezeichnet, da Kreditausfallrisiken über eine längere Periode schwerer abzuschätzen und damit theoretisch höher zu bewerten sind als kürzere Laufzeiten. Sind nun aber längere Laufzeiten entgegen dem Normalfall niedriger Verzinst als kürzere Laufzeiten, so spricht man von einer „inversen Zinsstruktur".

CP werden häufig in Serie platziert („Roll-over-Emission“[80]) und vorwiegend an institutionelle und Großanleger ausgegeben.

Commercial Papers gewannen in den letzten Jahren immens an Bedeutung für die Risikoklassifizierung von Firmenkrediten durch die Kreditwirtschaft, weil sie das in einem Kredit an einen bestimmten Emittenten beinhaltete Risiko aufgrund kurzer Laufzeit und fehlender Sonderrechte sehr direkt zum Ausdruck bringen. Das bedeutet, der Emittent muss mit dem gebotenen Nominalzinssatz genau so hoch gehen, bis der Markt diesen Zinssatz für einen angemessenen Preis des mit dem Kauf des Papiers verbundenen Kreditrisikos erachtet. Die Vielzahl der am Kapital- und Rentenmarkt agierenden Anleger stellt sicher, dass der Emittent keinen höheren als den eigentlich adäquaten Risikopreis (Nominalzinssatz) zahlen muss. Der Preismechanismus wirkt hier sehr feinsteuernd. Der Nutzen von CP als Instrument der Risikoquantifizierung wird deutlich.

Die zunehmende Bedeutung resultiert aber erst aus der Erkenntnis einer zunehmenden Zahl an Banken, dass die oben beschriebene Preisfindung des Marktes für einen Kredit (Schuldverschreibung) ein wesentlich besseres Instrument der Risikoklassifizierung ist als jedes bankinterne Ratingverfahren. Man bedient sich also der Transparenz und des Wettbewerbs am Kapitalmarkt, um seine eigenen Forderungen mit einem angemessenen Entgelt auszustatten.

Lässt man die Annahme gelten, der Zinssatz für Commercial Papers sei der „richtige“ Risikopreis einer Anlage, so muss ein Bankkredit der gleichen Laufzeit an dasselbe Unternehmen aus Rentabilitätsgründen unter allen Umständen mit einem höheren Nominalzinssatz ausgestattet sein, um überhaupt kostendeckend oder gar gewinnbringend sein zu können.

Je weiter Kreditzinssätze an das Zinsniveau von Commercial Papers heran gesenkt werden, desto mehr spielen geschäftspolitische und weniger rentabilitätsorientierte Überlegungen eine Rolle. Kreditvergabe von institutionellen Anlegern, Kreditinstituten und anderen profitorientierten Wirtschaftssubjekten unterhalb des CP-Preisniveaus sind in keiner Weise plausibel und dennoch gibt es aktuelle Beispiele (Japan, Russland) hierfür.

---

80 Gleichzeitige Anschluss-Emission einer Tranche bei Tilgung einer vorherigen gleichen Nominalwertes.

4.3.5 Sonderform der Finanzierung: Leasing

4.3.5.1 Prinzip des Leasing

Unter Leasing[81] versteht man zeitlich begrenzte Überlassung von Mobilien, Immobilien oder Arbeitskräften zu konstanten, im Vorhinein festgelegten Raten.

Leasing stellt eine Sonderform der Fremdfinanzierung dar, weil es trotz der Tatsache, dass keine Zahlungsmittel als Kredit vergeben werden, Investitions- und Kapazitätserweiterungstätigkeiten ohne gleichzeitigen Einsatz eigener Mittel ermöglicht.

Das Gut, das Gegenstand des Vertrages ist, nennt man Leasingobjekt. Der Kunde/Mieter wird als Leasingnehmer und der Vermieter als Leasinggeber bezeichnet. Als Leasinggeber treten Hersteller von Produkten aus absatzpolitischen Gründen und herstellerunabhängige Leasinggesellschaften auf.

4.3.5.2 Formen des Leasing

Art und Beschaffenheit des Leasingobjektes determinieren die Modalitäten des Leasingvertrages. Die nachfolgende Unterscheidung soll einen Anhaltspunkt zur Klassifizierung der Leasingform bieten und beschreibt den Regelfall, Abweichungen sind jedoch möglich.

Handelt es sich um fungible Güter (Güter, für die mehrere bzw. viele Wirtschaftssubjekte Verwendung haben), werden in der Regel kurzlaufende (bis 1 Jahr), durch den Leasingnehmer kündbare Leasingverträge geschlossen.[82] Der Leasinggeber ist auf mehrmaliges „verleasen“ des Objektes angewiesen, da eine einzige Leasingperiode seine Kosten (Anschaffung, Finanzierung, Verwaltung) nicht deckt.

Man spricht von „**Operate-Leasing**“ (entspricht der normalen Miete).

---

[81] To lease (engl.): mieten.

[82] Vgl. Grill/Perczynski, Wirtschaftslehre des Kreditwesens, 2007.

Güter hingegen, deren Nutzen sich nur für sehr wenige oder ein einzelnes Wirtschaftssubjekt ergibt und die bereits in ihrer Produktion auf die individuellen Ausstattungswünsche des Leasingnehmers abgestimmt werden, sind Leasinggeber nur gegen Vereinbarung einer kündigungsfreien Grundmietzeit zu verleasen bereit.

Der Fachbegriff ist hier „**Finance-Leasing**" (Finanzierungsleasing).

In der Grundmietzeit hat der Leasingnehmer lediglich bei Verlust oder Untergang (Totalschaden) des Leasingobjektes ein außerordentliches Kündigungsrecht. Ist das Leasingobjekt wegen technischer Überalterung oder Einstellung der Produktion oder Insolvenz des Leasingnehmers für diesen nicht mehr von Nutzen, bleibt dennoch der volle Ratenanspruch des Leasinggebers bis zum Ende der Grundmietzeit bestehen. Der Leasinggeber kann sowohl bei Operate- als auch bei Finance-Leasing nur kündigen, wenn der Leasingnehmer seinen vertraglichen Verpflichtungen nicht nachkommt (zum Beispiel Zahlungsverzug, Unterlassen vorgeschriebener Wartungsarbeiten).

Bei den meisten Leasingverträgen wird bei Vertragsschluss ein kalkulierter Restwert des Leasingobjektes nach Ablauf der Mietzeit vereinbart, welcher später Grundlage für die Berechnung anschließender Verträge (Kauf/erneutes Leasen) ist. Außerdem können Andienungs- und Optionsrechte vereinbart werden.

Der Leasinggeber bleibt stets rechtlicher Eigentümer des Leasingobjektes.

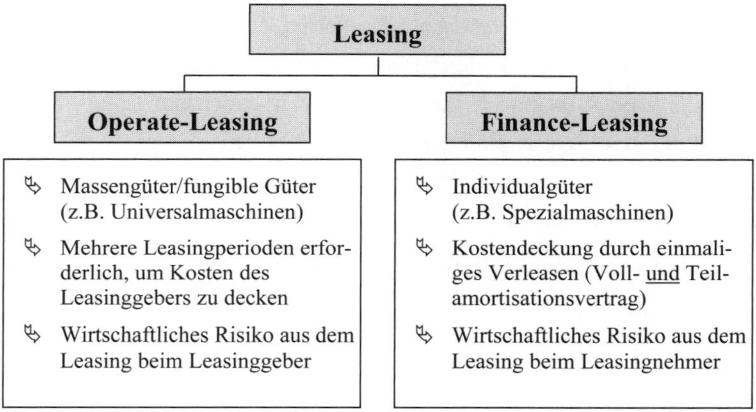

4.3.5.3 Amortisation

Deckt die Summe der während der Grundmietzeit zu zahlenden Raten sämtliche Kosten des Leasinggebers ab (Anschaffungs- oder Herstellungskosten, Finanzierungskosten, administrative und Servicekosten) und enthält diese Summe zusätzlich den kalkulierten Unternehmergewinn des Leasinggebers, so spricht man von einem „Vollamortisationsvertrag". Nach Ablauf der Grundmietzeit steht das Leasingobjekt dem Leasingnehmer zu weiterer Miete oder zum Kauf relativ günstig zur Verfügung.

Erreicht die Summe aller Leasingzahlungen des Leasingnehmers während der Grundmietzeit die Amortisationsgrenze des Leasinggebers jedoch nicht, handelt es sich um einen so genannten Teilamortisationsvertrag. Naturgemäß ist jeder Leasinggeber gezwungen, auch bei Teilamortisationsverträgen seine Kosten voll zu decken und einen bestimmten Gewinn zu erwirtschaften. Im Gegensatz zum Operate-Leasing (Massengüter) ist dies beim Finance-Leasing aber häufig nicht durch Verkauf oder Vermietung an andere Wirtschaftssubjekte möglich, da es sich um individuellere Güter handeln **kann**. Folge ist in diesem Falle, dass der Leasinggeber auch den noch fehlenden Kostenbeitrag nach einem Teilamortisationsvertrag von seinem ursprünglichen Leasingnehmer erzielen muss.

Die Leasinggesellschaft wird daher nur Teilamortisationsverträge schließen, die anschließendes Andienungsrecht[83] oder Mindererlösbeteiligung vorsehen.

Erzielt der Verkauf des Leasingobjektes bei vereinbarter Mindererlösbeteiligung weniger als den oben beschriebenen kalkulierten Restwert des Leasingobjektes, hat der Leasingnehmer die volle Differenz von Verkaufspreis zu Restwert auszugleichen. Im drastischsten Falle (Verkaufswert gleich null) muss er den gesamten kalkulierten Restwert an den Leasinggeber zahlen. Bei einem Mehrerlös ist der Leasingnehmer zu einem hohen Prozentsatz beteiligt. Dies gibt Anreize zur sorgsamen Behandlung des Leasingobjektes während der Grundmietzeit.

Der Leasingnehmer trägt folglich das wirtschaftliche Risiko aus einem Finance-Leasingvertrag.

---

[83] Einseitiges Verkaufsrecht ohne die Möglichkeit für den Vertragspartner (Leasingnehmer), Annahme und Zahlung zu verweigern.

4.3.5.4 Motive des Leasing

Während beim Finance-Leasing das Hauptmotiv für den Leasingnehmer Vermeidung von Investitionsmittelabfluss für den Kauf teurer Maschinen oder Immobilien ist, steht beim Operate-Leasing meistens der Service des Leasinggebers (LG) im Vordergrund. Der Leasingnehmer wünscht die Reduzierung des betriebsinternen Verwaltungsaufwands.

Aus dem Fahrzeugleasing entstammt die folgende Einteilung in verschiedene Grade der Serviceleistung der Leasinggesellschaft:

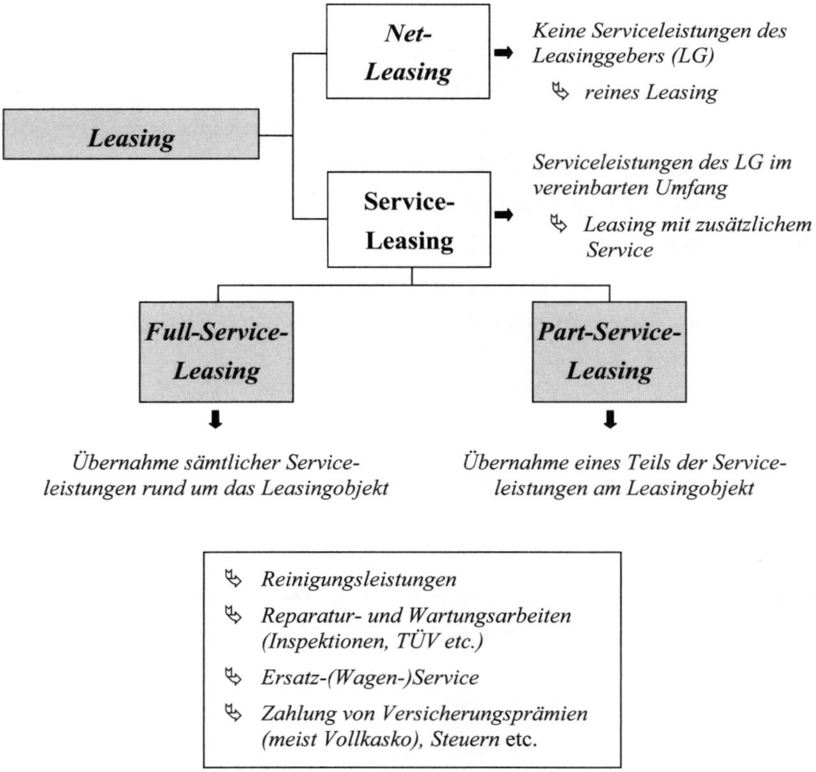

4.3.5.5 Bestandteile der Leasingrate

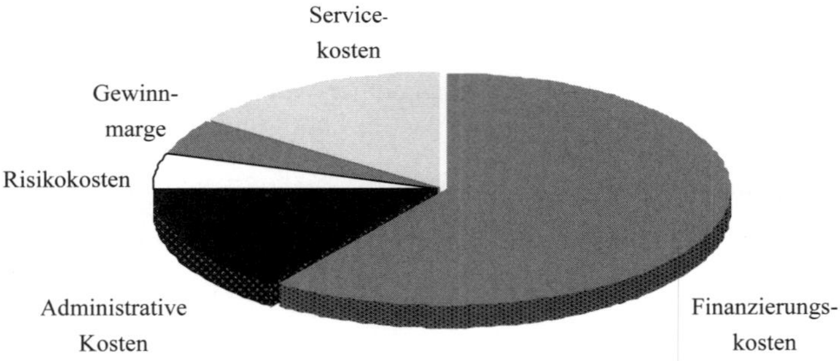

Dem Leasinggeber entstehen stets Finanzierungskosten (Zins und Tilgung für das Leasingobjekt), administrative Kosten (Verwaltung, Personal) und Risikokosten (Bonitätsrisiko des Leasingnehmers). Sind Serviceleistungen vertraglich vorgesehen, entstehen hierfür zusätzliche Kosten. Außer den Kosten, die in vollem Umfang weitergegeben werden, beinhalten die Zahlungen des Leasingnehmers (Ratenforderungen des Leasinggebers) auch die Gewinnmarge (kalkulierter Unternehmerlohn) der Leasinggesellschaft. In welcher Höhe die Leasinggesellschaft ihren Gewinnaufschlag durchsetzen kann, hängt von ihrer Position im Markt ab.

4.3.5.6 Bilanzierung

Die Art des Leasingobjektes und die Vertragsausgestaltung entscheiden über die wirtschaftliche und damit bilanzielle Zurechnung des Leasingobjekts zu Leasinggeber oder Leasingnehmer. Die gesetzlichen Bestimmungen zur wirtschaftlichen Zurechnung von Leasinggegenständen finden sich in den so genannten „Leasingerlassen“ des Bundesministeriums für Finanzen (BMF). In diesen Schriften wird nach Operate- und Finance-Leasing und jeweils für unbewegliche und bewegliche Güter unterschieden. Es soll im Folgenden nur ein stark vereinfachter Überblick hierüber gegeben werden, da eine detaillierte Ausführung den Rahmen dieses Werkes um ein Vielfaches übersteigen würde.

Da es bei Operate-Leasing weder Vertragsverlängerungs- noch Kaufoptionen gibt und Massengüter Gegenstand des Leasingvertrages sind, wird das Leasingobjekt dem Leasinggeber zugeschrieben und er hat es damit zu aktivieren. Die Leasingzahlungen stellen für den Leasingnehmer Aufwand dar und sind somit geeignet, die Steuerlast des Unternehmens zu reduzieren.

Bei Finance-Leasing kann man keine ebenso eindeutige Aussage treffen.

Spezialgüter, die in Auftrag und nach Wünschen des Leasingnehmers produziert wurden, fallen steuerlich generell dem Leasingnehmer zu.

Liegt die Dauer der Grundmietzeit zwischen 40% und 90% der amtlich festgelegten betriebsgewöhnlichen Nutzungsdauer, gilt in vereinfachender Weise für die bilanzielle Zurechnung anderer Leasingobjekte:

- Wenn der Leasingvertrag vorsieht, dass der Leasingnehmer bei Kauf nach Ende der Grundmietzeit weniger als den Restbuchwert des Leasingobjektes zu zahlen hat, wird es ihm zugerechnet;
- Wenn der Leasingvertrag für an die Grundmietzeit anschließende Perioden niedrigere Leasingzahlungen festschreibt als es dem tatsächlichen Wertverlust des Leasingobjektes entspricht, wird das Leasingobjekt ebenfalls dem Leasingnehmer zugeschrieben.

In allen anderen Fällen ist der Leasinggeber zur bilanziellen Erfassung des Leasinggegenstandes verpflichtet.

Ab dem Jahr 2009 hingegen werden voraussichtlich leicht veränderte Regelungen greifen; diese ergeben sich aus der Annäherung des deutschen HGB an die internationalen Bilanzierungsstandards nach IFRS durch das Bilanzrechtsmodernisierungsgesetz (BilMoG). Alle Objekte im Finance-Leasing könnten dann pauschal beim Leasingnehmer zu bilanzieren sein.

4.3.5.7 „Sale-and-lease-back“-Verfahren

„Sale-and-lease-back” bedeutet „Verkaufen und zurückmieten“.

Tatsächlich werden durch das Unternehmen Teile des Anlagevermögens (zumeist Immobilien) an eine Leasinggesellschaft verkauft und gleichzeitig ein Leasingvertrag mit anschließendem unwiderruflichen Rückkaufsrecht geschlossen.

Ziel und Folge eines solchen Vorgehens ist die Freisetzung im Anlagevermögen gebundenen Kapitals, ohne Teile der Anlagegüter (Maschinen) kapazitätsverringernd abgeben zu müssen.

Der große Vorteil des „Sale-and-lease-back“ ist der kurzfristige Investitionsmittelzufluss, für den, über den Eigentumsübergang am Leasingobjekt auf den Leasinggeber hinaus, keine Sicherheiten zu stellen sind. Eventuell bereits ausgeschöpfte Finanzierungsmöglichkeiten bei Banken werden nicht tangiert. Kreditinstitute beziehen allerdings Leasingverbindlichkeiten in ihre Prüfungen vor neuerlicher Kreditvergabe ein.

Nachteilig für die Unternehmung sind die vergleichsweise hohen Ratenbelastungen während und der hohe Mittelabfluss (Rückkauf) nach Beendigung der Leasingphase.

Ein weiterer Effekt, der für Kapitalgesellschaften die Motivation für „Sale-and-lease-back“ sein kann, ist die „bilanzverkürzende“ Wirkung. Da „Sale-and-lease-back“-Verträge gewöhnlich so ausgestaltet werden, dass das Leasingobjekt dem Leasinggeber bilanziell zuzurechnen ist, taucht es nicht mehr in der Bilanz des Leasingnehmers auf. Nutzt der Leasingnehmer den Kaufbetrag, den er erhält, zur Verbindlichkeitenrückführung, sinkt die Bilanzsumme als Ganzes.

Eine verringerte Bilanzsumme führt ceteris paribus[84] zu einer Erhöhung wichtiger Leistungskennzahlen der Unternehmensbewertung, wie etwa der Gesamtkapitalrendite. Weiterhin sinkt die Verschuldungsquote.

---

84 Ceteris paribus (c.p.): Belassung aller anderen Variablen in ihrem vorherigen Zustand.

4.3.5.8 Bewertung des Leasing aus Sicht des Leasingnehmers

Vorteile

- Eigenmittel schonende Kapazitätserweiterung möglich;
- Unter Umständen kurzfristige und risikofreie Anpassung an technischen Fortschritt möglich;
- Mögliche Finanzierung der Leasingraten aus freigesetzten Erträgen;
- Leasingverbindlichkeiten stellen betrieblichen Aufwand dar, wenn das Leasingobjekt beim Leasinggeber bilanziert wird;
- Schonung von Kreditlinien;
- Sicherheitenstellung neben dem Leasingobjekt nicht notwendig, da Leasinggeber Eigentümer bleibt;
- Gute Kalkulierbarkeit der Liquiditätsbelastung;
- Durch eine gut proportionierte Bilanz ist günstigere Fremdkapitalbeschaffung möglich.

Nachteile

- Bindung ohne ordentliche Kündigungsmöglichkeit in der Grundmietzeit (Finance-Leasing);
- Fehlende Flexibilität während der Grundmietzeit (technischer Fortschritt);
- Hohe Gesamtbelastung für den Leasingnehmer (häufig teurer als Kreditfinanzierung);
- Mögliche Unterdeckung[85], die bei Diebstahl oder Untergang (Totalschaden) des Leasingobjektes zur Gefahr werden kann;
- Aufgabe des Geschäftes und Rückgabe des Leasinggegenstandes führt innerhalb der Grundmietzeit nicht zu einer Reduzierung der Ratenverbindlichkeiten.

---

[85] Niedrigerer Versicherungswert als kalkulierter Wert in der jeweiligen Periode.

4.4 Hybride Finanzierungsformen

4.4.1 Grundlagen

Bei der hybriden Finanzierung handelt es sich um eine Kapitalform zwischen reinem Eigen- und reinem Fremdkapital. Man spricht auch von **„Mezzanine Capital"** beziehungsweise von **„Mezzanine Money"**. Eine eindeutige Zuordnung zu Eigen- oder Fremdkapital ist nicht möglich. Deshalb wird anhand der Ausprägungen der vertraglichen Vereinbarungen Quasi-Eigenkapital und Quasi-Fremdkapital unterschieden.

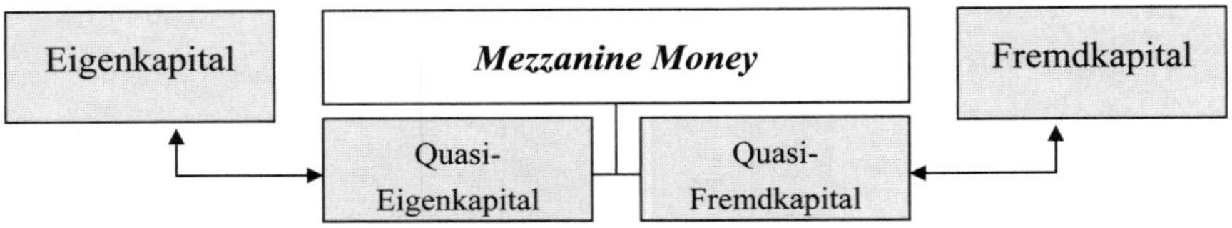

Klassische Beispiele für Mezzanine Capital sind stille Beteiligungen, Genussrechte und Venture Capital[86]. Darüber hinaus fallen jedoch auch Wandel- und Optionsanleihen, partiarische und nachrangige Darlehen sowie Darlehen mit Sonderrechten und Genussaktien.

Einige spezielle Eigenschaften sowie Beispiele der mezzaninen Kapitalformen sollen nachfolgend gekennzeichnet werden.[87]

---

86 Venture Capital: Kapital, das von Zweckgesellschaften meist neu gegründeten Unternehmen zur Ermöglichung einer Ausweitung der Geschäfts- und Investitionstätigkeiten zur Verfügung gestellt wird. Ertrag dieser Investitionsform ist eine Beteiligung am (erhofft) steigenden Firmenwert; es gibt keine Verzinsung.

87 Vgl. Nathusius, Grundlagen der Gründungsfinanzierung, 2001, S. 76-117.

Quasi-Eigenkapital

Charakteristika	Typen-Beispiele
▪ Gewinnbeteiligung ▪ Wertzuwachsbeteiligung (Beteiligung an stillen Reserven und Firmenwert) ▪ Anteilsrechte am Unternehmen ▪ Niedrigere Ertragserwartungen als bei reinem Eigenkapital aufgrund geringeren Risikos	▪ Atypische stille Beteiligung ▪ Darlehen mit Sonderrechten ▪ Genussaktien

Quasi-Fremdkapital

Charakteristika	Typen-Beispiele
▪ Gewinnbeteiligung ▪ Keine Wertzuwachsbeteiligung ▪ Fehlende Anteilsrechte am Unternehmen ▪ Höhere Ertragserwartungen (Verzinsung) als bei reinem Fremdkapital aufgrund höheren Risikos	▪ Typische stille Beteiligung ▪ Darlehen der Gesellschafter (sog. partiarische Darlehen) ▪ Nachrangige Darlehen ▪ Genussrechte

Mit den Genussrechten und der stillen Beteiligung werden nachfolgend zwei prominente Vertreter der hybriden Finanzierung eingehender betrachtet.

4.4.2 Genussrecht
(profit participation right)

Genussrechte (auch Genüsse genannt) sind eine im deutschsprachigen Wirtschaftsraum verbreitete Sonderform der Beteiligung und gelten als Kapitalüberlassungsinstrument. Sie können von Unternehmen (unabhängig von dessen Rechtsform) begeben werden. Der Käufer des Genussrechts überlässt dem Unternehmen einen Geldbetrag und bekommt im Gegenzug Vermögensrechte. In aller Regel sind sie mit einer festen Grundverzinsung und in einigen Fällen mit gewinnabhängigen, also dividendenähnlichen Ansprüchen ausgestattet. Stimmrechte und andere Verwaltungsrechte sind jedoch nicht enthalten.

Aktionären eines Unternehmens ist stets über Bezugsrechte die Möglichkeit des Erwerbs zu emittierender Genussrechte zu geben. Genussrechte können in so genannten Genussscheinen (Wertpapiere) verbrieft sein.

Die Ausgestaltungsmerkmale dieser gesetzlich nicht eingeschränkten Finanzierungsform entscheiden über den Charakter als Fremd- oder als Eigenkapital. Insbesondere die Laufzeit und die weiteren Rückzahlungsmodalitäten geben für die bilanzielle und steuerliche Behandlung Ausschlag. Man kann sie damit nicht generell dem Fremdkapital zurechnen. Dies lässt die Genussrechte zu einem hybriden Finanzierungsinstrument werden.

Eigenkapitalcharakter haben Genussscheine mit

- langfristigen oder unbefristeten Laufzeiten und
- fehlendem Kündigungsrecht für den Käufer des Genussrechts und
- Beteiligung an Gewinn [Bindung einer Zusatzverzinsung an eine Gewinngröße (zum Beispiel Dividendenhöhe) mit Obergrenze] und Verlust (Minderung des Rückzahlungsanspruchs) der finanzierenden Unternehmung.

Stehen Genussrechte dem Eigenkapital näher, werden ihnen ebenso wie der Aktie häufig Bezugsrechte bei Kapitalerhöhungen eingeräumt.

In fast allen anderen Varianten sind Genussscheine dem Fremdkapital ähnlicher. Nur in solchen Fällen der Fremdkapitalzurechnung stellen die Kosten, die der Unternehmung aus der Genussrechts-Finanzierung entstehen, Betriebsaufwand dar, welcher zur Senkung der Steuerlast des Unternehmens geeignet ist.

Vorteile der Genussrechtsfinanzierung für den Emittenten[88]

- Freie Wahl der Ausgestaltung des Genussrechts;
- Höhere Flexibilität in der Ausgestaltung als bei Vorzugsaktien;
- Fehlende Mitgliedschaftsrechte verhindern unerwünschte Einflussnahme;
- Bestehende Eigentumsverhältnisse ändern sich durch Genussschein-Emission nicht;
- Mögliche Verlustbeteiligung des Genussrechts;
- Möglichkeit der Buchung von Genussrechts-Kosten als betrieblichen Aufwand unter bestimmten Voraussetzungen;
- Börsenfähigkeit der Genusscheine unter bestimmten Voraussetzungen, die das emittierende Unternehmen zu erfüllen hat.

Gängige Typen des Genussrechts

- ↳ Festverzinsliches Wertpapier mit Beteiligung am Verlust;
- ↳ Genussscheine mit Mindestausschüttung sowie dividendenabhängigem Bonus;
- ↳ Genussscheine mit vollkommen dividendenabhängiger Ausschüttung;
- ↳ Genussscheine mit renditeabhängiger Ausschüttung.

---

[88] Vgl. Spremann, Wirtschaft, Investition und Finanzierung, 1996, S. 281. Siehe auch Thommen/Achleitner, Allgemeine Betriebswirtschaftslehre, 2006.

4.4.3 Stille Beteiligung

Eine Beteiligung, die nach Außen nicht in Erscheinung tritt, nennt man stille Beteiligung. Zwischen der Unternehmung und dem Kapitalgeber, der natürliche oder juristische Person sein kann, wird ein Gesellschaftsvertrag geschlossen, der die Bedingungen der Kapitalüberlassung regelt.

Die Einlage des stillen Gesellschafters geht in das Vermögen der Gesellschaft über. Sie begründet einen Anspruch auf Anteil am Unternehmensgewinn. Ebenso kann der stille Gesellschafter verlustbeteiligt sein, dies wird in der Praxis aber häufig vertraglich ausgeschlossen. Da es sich um eine Beteiligung handelt, genießen stille Gesellschafter keinen Gläubigerschutz. Das Kapital fällt demnach in die Insolvenzmasse und wird nur nachrangig bedient.[89] Der stille Beteiligte haftet aber über seine Einlagen hinaus gegenüber Gläubigern nicht für Verbindlichkeiten der Gesellschaft.

Stillen Gesellschaftern stehen i.d.R. keine Geschäftsführungsrechte, also auch kein Widerspruchsrecht, zu. Jedoch ist eine stille Beteiligung immer mit Informations- und Kontrollrechten verbunden. Das bedeutet, dem stillen Gesellschafter ist auf Verlangen Einsicht in die Bücher und den Jahresabschluss zu gewähren. Man unterscheidet anhand der im Gesellschaftsvertrag getroffenen Vereinbarungen zwischen typischer und atypischer Form der stillen Beteiligung.[90]

---

[89] Vgl. Albach, Allgemeine Betriebswirtschaftslehre, 2001, S. 286.

[90] Vgl. Busse, Grundlagen der betrieblichen Finanzwirtschaft, 2002.

Typische stille Gesellschaft	Atypische stille Gesellschaft
▪ Einlage wird zum Nominalwert zurückgezahlt ▪ Keine Beteiligung an Unternehmenswert und stillen Reserven ▪ Gewinnbeteiligung ▪ Keine Geschäftsführungskompetenzen des stillen Gesellschafters	▪ Beteiligung an Unternehmenswert und stillen Reserven ▪ Gewinnbeteiligung ▪ Gewisse Geschäftsführungskompetenzen des stillen Gesellschafters möglich

Steuerlich ist der Gesellschafter bei atypischer stiller Beteiligung als Mitunternehmer zu betrachten. Das Finanzamt ist die einzige unternehmensexterne Institution, der jedes stille Beteiligungsverhältnis offen zu legen ist. Da das stille Beteiligungskapital in das Vermögen des Unternehmensinhabers übergeht, ist es bilanziell nicht gesondert auszuweisen.

Die genannten Charakteristika der stillen Beteiligung machen die Zugehörigkeit derselben zu den **hybriden Finanzinstrumenten** deutlich.

4.5 Derivative Finanzinstrumente

4.5.1 Grundlagen

Derivate sind Kontrakte, deren Wertentwicklung von der Preisentwicklung einer Bezugsgröße abhängt. Bei Termingeschäften handelt es sich um Transaktionen, die zu einem bestimmten (gegenwärtigen) Zeitpunkt fixiert werden, deren Ausführung aber erst zu einem späteren Zeitpunkt geschehen wird. Es sind also auf die Zukunft gerichtete Geschäfte.

Termingeschäfte entstanden aus dem Rohstoffhandel. Käufer wollten sich gegen steigende Preise absichern und Verkäufer sich vor sinkenden Preisen schützen. Heutzutage sind aufgrund ihrer weitgehenden Standardisierung Devisen-, Zins- und Aktientermingeschäfte an den Terminbörsen vorherrschend. Das zu handelnde Gut oder Recht wird stets als Basiswert bezeichnet. Handelt es sich um ein Rechtsgeschäft, das nur für den Verkäufer verbindlich ist, spricht man von **Optionen** (bedingte Termingeschäfte). Der Käufer hat das Wahlrecht, ob er seine Option ausüben will (Ausübung ist die Erfüllung des Optionsgeschäftes). So sind der Verkäufer einer Call-Option zur Lieferung und der Verkäufer eine Put-Option zur Abnahme der vereinbarten Stücke verpflichtet, sofern der Optionskäufer von seinem Ausübungswahlrecht Gebrauch macht. Für die Übernahme des Risikos der Kursänderung und der passiven Position erhält der Verkäufer der Option vom Käufer die Options-Prämie. Will sich der Verkäufer einer Option aus seiner Optionsverbindlichkeit lösen, kann er durch Kauf einer Gegenposition („Long-Position“) seine „Short-Position“ glattstellen. Die Glattstellung überwiegt gegenüber der Ausübung deutlich, es werden also nur relativ selten tatsächlich Basiswerte geliefert bzw. abgenommen. Für den Fall dass Nachfrage besteht, ist auch ein Verkauf der „Short-Position“ über die Börse möglich.

Dahingegen werden unbedingte, also für beide Kontraktpartner verbindliche Termingeschäfte als **Futures**, **Forwards und Swaps** bezeichnet.

Bei vielen Termingeschäften gibt es außerdem die Möglichkeit, anstelle von Lieferung bzw. Abnahme der Basiswerte, also dinglicher Erfüllung des Geschäftes, einen Barausgleich („Cash-Settlement“) vorzunehmen. Das Geschäft wird über einen Geldtransfer erfüllt.

4.5.2 Optionen

4.5.2.1 Determinanten eines Optionsgeschäftes

Die Determinanten oder Parameter einer Option sind in den Optionsbedingungen verankert und sind damit fixiert, sie können während der Optionslaufzeit nicht mehr beeinflusst werden.

Basiswert	Dem Geschäft zugrunde liegendes Wertpapier
Basispreis/ Ausübungspreis	Preis, zu dem bei Ausübung geliefert (Call) bzw. abgenommen (Put) werden muss
Optionsfrist/ Optionszeitpunkt	Frist (z.B. 3 Monate), innerhalb welcher die Ausübung möglich ist (Amerikanischer Stil) bzw. Zeitpunkt (z.B. 25.4.03), zu dem Ausübung möglich ist (Europäischer Stil der Termingeschäfte)
Kontraktgröße	Stückzahl des Basiswerts, die ein Kontrakt umfasst
Optionsverhältnis[91] **(auch Bezugsverhältnis genannt)**	Verhältnis von Options-Scheinen zu Basiswerten (Aktien), in dem die Ausübung geschieht *Beispiel*: Zum Bezug einer Aktie sind 4 Optionsscheine notwendig. **Verhältnis von Optionsscheinen zu Aktien = 4/1**

[91] Vgl. Börse Online (Hrsg.), Ausgabe 44/2002, S. 90. Hierbei ist zu beachten, dass die Literatur keine einheitliche Vorgehensweise kennt. Einige Autoren benennen das Optionsverhältnis auch mit dem Verhältnis von Aktien zu Optionsscheinen.

4.5.2.2 Positionen und Kurserwartungshaltungen

	Kaufoption „Call “	**Verkaufoption „Put”**
Käufer der Option	„Long Call“ (siehe 4.5.2.3.1)	„Long Put“ (siehe 4.5.2.3.2)
Kurserwartung	Steigende Kurse	Fallende Kurse
Verkäufer der Option (Stillhalter)	„Short Call“ (siehe 4.5.2.3.3)	„Short Put“ (siehe 4.5.2.3.4)
Kurserwartung	Stagnierende oder fallende Kurse	Stagnierende oder steigende Kurse

In einer „Long-Position“ zu sein, bedeutet, gegen Zahlung der Optionsprämie das Recht, nicht aber die Pflicht zur Ausübung zu haben. Der Verkäufer (Short-Position) einer Option hat die Pflicht, das Geschäft zu erfüllen, wenn der Käufer die Option ausübt. Der Verkäufer wird auch Stillhalter genannt.

Der Stillhalter einer Verkaufsoption hat die Pflicht, zum vereinbarten Basispreis abzunehmen, wenn der Käufer in „long put“ ausübt.

4.5.2.3 Chancen und Risiken von Options-Positionen

Das Risiko aus Optionen ist für Verkäufer ungleich höher als für Käufer.

Der Käufer kann aufgrund seines Wahlrechts auf Ausübung maximal die gesamte eingesetzte Optionsprämie verlieren. Dahingegen ist der mögliche Verlust des Verkäufers unter Umständen sogar unbegrenzt hoch.

Im Folgenden finden Sie die einzelnen Positionen noch einmal kurz beschrieben und jeweils eine grafische Darstellung der Gewinn- und Verlustsituationen. In allen Beispielen sei eine Option amerikanischen Stils mit einem Optionsverhältnis gleich 1/1, einem Basispreis von 40 Euro und einer Optionsprämie von 5 Euro angenommen.

4.5.2.3.1 Long Call (Kauf einer Kaufoption)

Gegen Zahlung der Optionsprämie erhält der Käufer das Recht, innerhalb der Optionsfrist die Lieferung der Basiswerte zum vereinbarten Basispreis zu verlangen. Verlieren kann er höchstens die gezahlte Prämie (5 Euro), gewinnen kann er die Differenz zwischen Kursnotierung des Basiswerts und der Summe aus Basispreis und Optionsprämie.

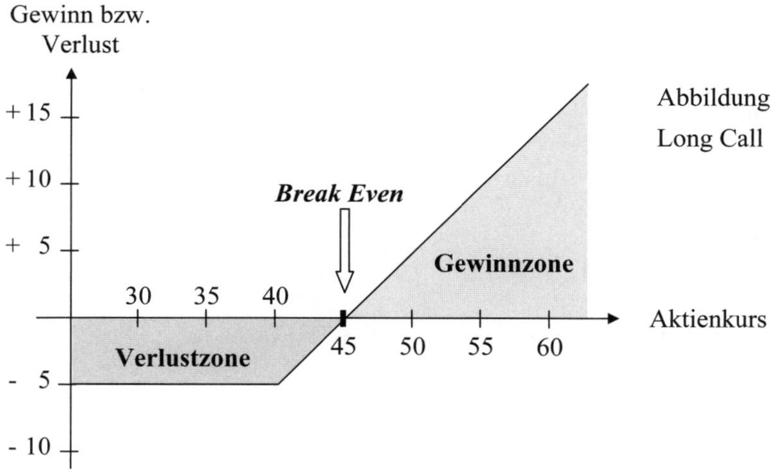

Abbildung 4.1
Long Call

4.5.2.3.2 Long Put (Kauf einer Verkaufsoption)

Der Käufer erwirbt gegen Zahlung der Optionsprämie das Recht, die vereinbarten Basiswerte innerhalb der Optionsfrist zum vereinbarten Basispreis zu verkaufen. Er kann die Abnahme der Papiere verlangen. Sein Verlust ist durch die Höhe der Optionsprämie begrenzt; er macht Erträge, sobald der Kurs der Aktie unter den Basispreis abzüglich Optionsprämie fällt, da er sich vor Ausübung günstig eindecken kann.

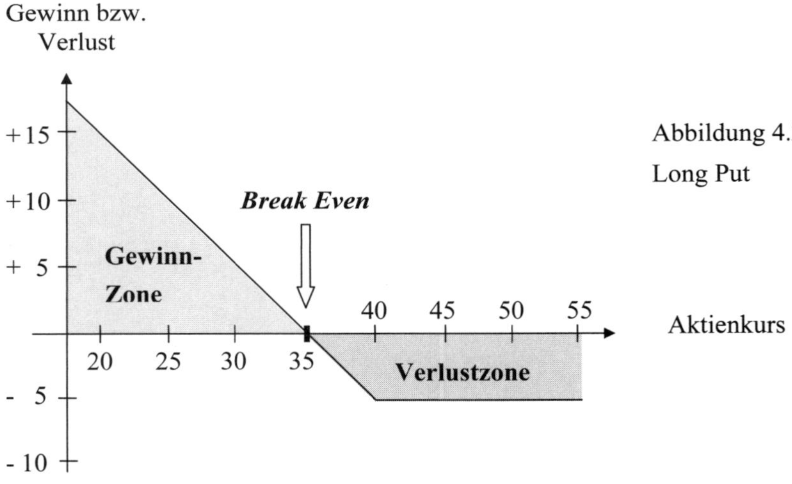

Abbildung 4.2
Long Put

4.5.2.3.3 Short Call (Verkauf einer Kaufoption)

Gegen Erhalt der Optionsprämie geht der Verkäufer einer Call-Option die Verpflichtung ein, den Basiswert zum Basispreis zu liefern, wenn es der Käufer der Option verlangt. Dies ist diejenige Position im Optionsgeschäft, die mit dem höchsten (**theoretisch unbegrenzten**) Verlustrisiko verbunden ist, insofern der Verkäufer der Option die Basiswerte nicht in seinem eigenen Bestand hat, sondern sie bei Ausübung ankaufen muss (so genannter ungedeckter Call). Das hohe Verlustpotential beinhaltet ein ungedeckter Short Call, da der Stillhalter gezwungen ist, jeden - noch so hohen - aktuellen Preis (Kurs an der Börse) des Basiswerts zu zahlen, wenn der Käufer ausübt.

Ist ein Short Call hingegen gedeckt, ist der zukünftig mögliche Verlust auf die Differenz zwischen dem aktuellen Kurswert des Basiswerts (zu diesem könnte der Stillhalter eines gedeckten Puts verkaufen) und der Summe aus Basispreis und Optionsprämie (beides erhält der Stillhalter) beschränkt. Das Gewinnpotential ist auf die Höhe der Optionsprämie begrenzt.

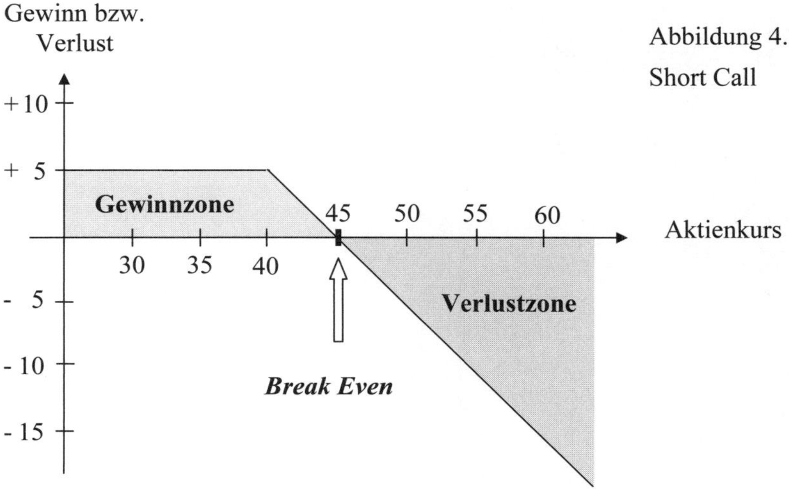

Abbildung 4.3
Short Call

4.5.2.3.4 Short Put (Verkauf einer Verkaufsoption)

Der Vertragspartner verpflichtet sich in Short Put gegen Entrichtung der Optionsprämie den Basiswert zum vereinbarten Basispreis abzunehmen, wenn der Käufer der Option dies wünscht. Auch hier ist sein Ertrag maximal gleich der erhaltenen Prämie. Verlust entsteht, wenn die angedienten Wertpapiere in ihrem Wert niedriger sind als Basispreis minus Optionsprämie. Ein Verkauf der erhaltenen Titel erbringt in diesem Fall weniger, als der Stillhalter netto für die Papiere bezahlt hat. Dieses Risiko ist folglich begrenzt, da jeder Wertverfall bei einem Restwert von Null enden muss.

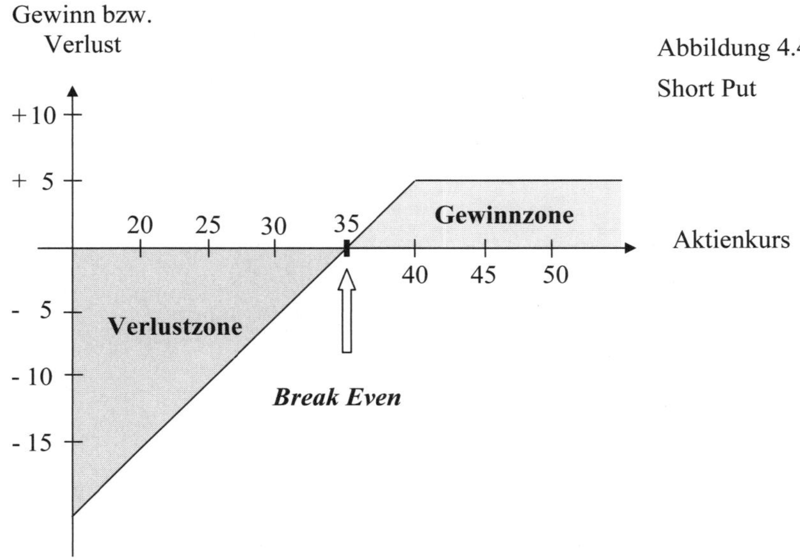

Abbildung 4.4
Short Put

4.5.2.4 Preisbildende Faktoren

- **Basispreis**
  Je niedriger dieser ist, desto teurer ist ein Call (lukrativ durch geringen Kaufpreis des Basiswerts) und desto billiger ist analog ein Put (zu erzielender Preis der Aktien ist gering).

- **Volatilität des Basiswerts**
  Die Schwankungsanfälligkeit des Kurses des Basiswerts ist von entscheidender Bedeutung. Die Chance für den Käufer, in die Gewinnzone zu kommen, steigt bei zunehmender Volatilität. Der Wert der Option steigt ebenfalls.

- **Kurs des Basiswerts**
  Der Käufer einer Option partizipiert durch den Einsatz der (gegenüber dem Kurswert der Aktie niedrigeren) Optionsprämie überdurchschnittlich an Kurs-Schwankungen des Basiswerts. „Leverage-Effekt“

- **Restlaufzeit der Option**
  Da mit abnehmender Restlaufzeit die Chance kleiner wird, dass der Kurs des Basiswerts in die gewünschte Richtung ausschlägt, sinkt der Zeitwert einer Option kontinuierlich und wird am Ende der Laufzeit null.

4.5.2.5 Bestandteile des Optionspreises

Der Preis eines Optionsscheins wird durch seine preisbildenden Faktoren, letztlich aber schlicht durch Angebot und Nachfrage bestimmt. Dieser Preis lässt sich in die folgenden zwei Komponenten aufspalten:

Optionspreis = Innerer Wert + Zeitwert

Innerer Wert

Der Innere Wert drückt das aktuelle Gewinnpotential einer Option aus, denn er stellt den Betrag dar, den man bei aktueller Ausübung erhalten würde. Er ist minimal null und kann rein theoretisch unendlich groß sein.

Der innere Wert einer Call-Option ist die Differenz der aktuellen Kursnotierung des Basiswerts (Aktie) zu dem festgelegten Basispreis, also dem Preis, der bei Ausübung zu zahlen ist.

Der innere Wert einer Put-Option ist die Differenz zwischen dem Basispreis und der aktuellen Kursnotierung des Basiswerts.

Notiert der Basiswert über (unter) dem Basispreis, so befindet sich eine Call-Option (Put-Option) für den Käufer unter Vernachlässigung der Optionsprämie in der Gewinnzone (engl.: „in the money"). Sind Basispreis und Kurs des Basiswerts gleichwertig, spricht man von Optionen „at the money". Entsprechend nennt man Call-Optionen (Put-Optionen), deren Basiswert unter (über) dem Basispreis notiert „out of the money". Die verschiedenen Konstellationen stellt nachstehende Übersicht dar.

	Kurs Basiswert > Basispreis	Kurs Basiswert = Basispreis	Kurs Basiswert < Basispreis
Call	***„in the money"*** ***Innerer Wert > 0***	***„at the money"*** ***Innerer Wert = 0***	***„out of the money"*** ***Innerer Wert = 0***
Put	***„out of the money"*** ***Innerer Wert = 0***	***„at the money"*** ***Innerer Wert = 0***	***„in the money"*** ***Innerer Wert > 0***

Befindet sich eine Option „in the money", ist der innere Wert positiv, das heißt, bei Ausübung generiert der Inhaber Erträge. Bei allen anderen Kurskonstellationen ist der innere Wert null.

Beispiel

Der Basiswert einer Call-Option, die mit einem Optionsverhältnis von 1/1 emittiert wurde und deren Basispreis bei 125 Euro steht, notiert aktuell in Xetra bei 145 Euro.

Berechnung

(Kurs Basiswert – Basispreis) · Optionsverhältnis = Innerer Wert

Innerer Wert = (145 Euro – 125 Euro) · 1 = 20 Euro

Zeitwert

Die Differenz zwischen dem Optionspreis und dem inneren Wert derselben, bezeichnet man als Zeitwert. Der Zeitwert verkörpert quasi den „Wert der Kursänderungschance in der Restlaufzeit". Mit abnehmender Restlaufzeit verringert sich die Wahrscheinlichkeit, dass sich der Kurs des Basiswerts wie gewünscht entwickelt und daher sinkt der Zeitwert als Preis dieser Chance entsprechend.

Der Zeitwert ist am Ausübungs- bzw. Verfallstag gleich null.

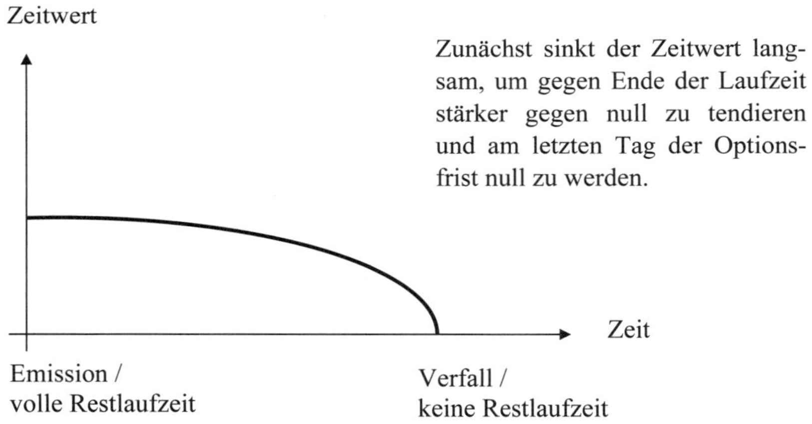

Wie die Grafik zeigt, ist der Zeitwert ein flüchtiger Vermögenswert. Die Besonderheit ist, dass man ihn nur aus dem Kurs ablesen und nicht im Voraus exakt berechnen kann.

Beispiel 1

Kursnotierung Optionsschein bei 18 Euro , Innerer Wert 6 Euro

Berechnung

Kurs Option – Innerer Wert = Zeitwert

Zeitwert = (18 Euro) – (6 Euro) = 12 Euro

Beispiel 2

Call-Optionsschein, Kurs 13,50 Euro; Basiswert Leipziger Bank AG

Namens-Aktie, Kurs 47 Euro; Basispreis 41 Euro

Berechnung

Innerer Wert = (Kurs Aktie) – (Basispreis) = 6 Euro

Zeitwert = (Kurs Option) – (Innerer Wert) = (13,50) – (6) = 7,50 Euro

Beispiel 3

Put-Option, Kurs 4,20 Euro; Basiswert ABC-Baumaschinen AG, Kurs

87,60 Euro; Basispreis 85 Euro

Berechnung

Innerer Wert = 0 Euro, da der Basispreis geringer ist als der aktuelle Kurs der Aktie. Es wird also niemand ausüben und seine Aktien über die Option zu einem Basispreis von 85 Euro abgeben, wenn er dieselben Titel am Markt für einen höheren Preis verkaufen könnte.

Da sich der Optionspreis aus innerem Wert und Zeitwert zusammensetzt, beträgt der Zeitwert hier 4,20 Euro.

4.5.2.6 Leverage-Effekt / Hebelwirkung

Der Preis einer Option liegt in nahezu allen Fällen wesentlich unter dem Preis des zugrunde liegenden Basiswerts. Da das mit der Option verbundene Recht aber ganz unmittelbar an das Wertpapier gebunden ist, verändert sich der Kurs der Option mit dem Kurs des Wertpapiers.

Prozentual ändert sich der Kurs der Option aufgrund ihres geringeren Wertes wesentlich stärker als der Kurs der Aktie. Der Inhaber von Optionsscheinen ist also von Kursschwankungen des Basiswerts wesentlich stärker betroffen als der Inhaber der Aktie selbst. Das nennt man den „Leverage-Effekt" oder Hebelwirkung. Es ist folglich mit Hilfe von Optionen möglich, mit geringem Kapitaleinsatz hohe Erträge aber auch hohe Verluste zu erzielen. Die zugehörige Rechengröße ist der „Hebel". Er drückt das Verhältnis zwischen Kursnotierung des Basiswerts und dem Kurs des Optionsscheins aus. Hierbei muss das Optionsverhältnis beachtet werden.

$$\textbf{\textit{Hebel}} = \frac{\textit{Aktienkurs}}{\textit{Optionskurs}} \cdot \textit{Optionsverhältnis}$$

Beispiel

Bei einem Optionsverhältnis von 0,5 (1/2), einem Aktienkurs von 100 Euro und einem Optionswert von 5 Euro ist der Hebel zu berechnen.

Berechnung

$$H = \frac{100}{5} \cdot 0{,}5 = 10$$

Dieses Ergebnis besagt, dass der Optionsschein-Preis (auf den Kapitaleinsatz bezogen) einer prozentual 10-fachen Kursschwankung im Verhältnis zu den Preisveränderungen der Aktie unterliegt.[92]

---

92 Siehe auch Grill/Perczynski, Wirtschaftslehre des Kreditwesens, 2007.

4.5.2.7 Aufgeld

Das Aufgeld (Agio) vergleicht die Kosten eines Geschäfts mit Hilfe einer Option mit den alternativen Kosten eines Direktgeschäfts an den Märkten des Basiswerts (Börsen).

Das Aufgeld einer Call-Option gibt an, um wie viel der Erwerb des Basiswerts (Aktie) über Kauf und anschließende Ausübung der Option aktuell teurer sein würde als bei direktem Kauf des Basiswerts an der Börse.

Beispiel

Call-Aktienoption, Kurs 18 Euro, Basispreis 40 Euro; aktuelle Kursnotierung Basiswert (Aktie) 52 Euro

Berechnung

$$\underbrace{(\text{Kurs Option} + \text{Basispreis})}_{\text{Bezug Basiswert über Option}} - \underbrace{\text{Kursnotierung Basiswert}}_{\text{Kauf Basiswert}} = \text{Aufgeld}$$

Aufgeld = (18 Euro + 40 Euro) – 52 Euro = 6 Euro

Das Aufgeld beträgt 6 Euro. Um diesen Betrag ist der Erwerb des Basiswerts über die Option teurer als ein Kauf an der Börse.

Das Aufgeld einer Put-Option beziffert den Betrag, den der direkte Verkauf des Basiswerts (Aktie) am Wertpapiermarkt mehr erbringen würde als Kauf und Ausübung der Put-Option.

Beispiel

Put-Aktienoption, Kurs 15 Euro, Basispreis 100 Euro; Kurs Basiswert (Aktie) 90 Euro

Berechnung

$$\underbrace{(\text{Kursnotierung Basiswert})}_{\text{Verkauf Basiswert}} - \underbrace{(\text{Basispreis} - \text{Optionskurs})}_{\text{Abgabe Basiswert über Option}} = \text{Aufgeld}$$

Aufgeld = (90 Euro) – ((100 Euro) – (15 Euro)) = 5 Euro

4.5.2.8 Weitere Kennzahlen

Es existiert eine große Anzahl weiterer Kennzahlen zur Beschreibung von Optionen hinsichtlich der Chancen-, Risiken- oder Preisverhältnisse. Diese sollen hier nur kurz in ihrer Bedeutung erläutert sein.[93]

Ebenso wie der bekannteste und in der Praxis vorwiegend verwendete Ansatz zur Bewertung von Optionen und Optionsrisiken[94] basieren auch die meisten weiteren Kennzahlen zur Optionsbewertung auf den Forschungen der Wissenschaftler Fischer Black, Myron Scholes und Robert Merton. Scholes und Merton erhielten für ihre Methodenforschung 1997 den Nobelpreis der Ökonomie.

a) Delta

Delta wird auch als Preissensitivität bezeichnet. Es beziffert die Änderung des Optionspreises bei Änderung des Basiswert-Kurses um eine Einheit (um wie viel Euro ändert sich der Optionskurs, verändert sich der Aktienkurs um einen Euro). Das Delta ist bei Calls positiv und bei Puts negativ.

b) Gamma

Gamma misst die prozentuale Änderung des Delta bei Kursschwankung des Basiswerts um eine Währungseinheit.

---

93 Siehe auch Grill/Perczynski, Wirtschaftslehre des Kreditwesens, 2007.

94 So genannte „Black-Scholes-Formel“.

c) Theta

Wie bereits oben erwähnt, ist der Zeitwert ein flüchtiger Vermögenswert, da er kontinuierlich an Wert verliert. Man ist bestrebt, den Zeitwertverlust vorhersagen zu können und bedient sich hierfür des Options-Thetas. Es misst den täglichen Zeitwertverlust einer Option.

d) Vega

Da die Volatilität des Basiswertes eine große Rolle spielt, sind auch Veränderungen der Volatilität von Interesse. Vega drückt die Preisänderung einer Option in Folge einer Volatilitätsveränderung des Basiswerts aus. Mit Steigen der Volatilität einer Option, steigt das Risiko für den Stillhalter bzw. die Chance für den Käufer und damit auch die Optionsprämie.

4.5.3 Futures und Forwards

Ein Forward ist eine Vereinbarung zwischen zwei Kontraktpartnern, einen Basiswert zu einem bestimmten zukünftigen Zeitpunkt zu einem heute vereinbarten Preis zu kaufen (long position) oder zu verkaufen (short position). Beide Vertragsseiten gehen ein bindendes Geschäft ein, so dass hier – im Gegensatz zu Optionen – von einem **unbedingten** Termingeschäft gesprochen wird. Forwards werden nicht an der Börse, sondern im so genannten Over-the-Counter (OTC) Handel zwischen zwei Finanzmarktteilnehmern, gehandelt.

Dem gegenüber sind Futures standardisierte Forward-Kontrakte, die an der Börse gehandelt werden. Durch die Standardisierung sind die Kontraktbedingungen für alle Marktteilnehmer gleich. Beispielsweise werden Liefermenge, Lieferqualität, Handelswährung und Liefertermine eindeutig für alle festgelegt. Bei einem Forward hingegen, können diese Parameter individuell ausgehandelt werden. Die Marktliquidität ist aufgrund der Standardisierung bei Futures größer. Dem gegenüber muss beim Futures-Handel jeder Kontraktpartner eine Sicherheitsleistung (initial margin) bei der Börse auf einem verzinslichen Konto (margin account) hinterlegen. Der Futurespreis wird täglich ermittelt und Gewinne bzw. Verluste den jeweiligen Konten gutgeschrieben oder belastet (daily settlement). Fällt der Kontostand unter eine festgelegte Schwelle (maintenance margin), besteht eine Nachschusspflicht. Wird dieser nicht nachgekommen, wird der Future durch Eingehen einer Gegenposition glattgestellt.

Wenn Unternehmen mit Futures zum Absichern bestimmter Positionen handeln, sollten sie die Nachschusspflicht bei der Liquiditätsplanung beachten. Ansonsten kann es passieren, dass ein Liquiditätsengpass entsteht, der das Unternehmen in seiner Existenz bedrohen kann (Cash-Flow-Risiko während der Vertragslaufzeit). Dieses Risiko existiert bei Forwards nicht, da die Kontrakte erst am Ende der Vertragslaufzeit geschlossen werden.

Ein weiterer Unterschied zwischen Futures und Forwards besteht darin, dass Futures in der Regel nicht physisch erfüllt werden, sondern spätestens am Ende der Vertragslaufzeit glatt gestellt werden. Bei Forwards hingegen erfolgt am Liefertermin entweder eine physische Lieferung der Ware oder aber eine Ausgleichszahlung.

Beispiel einer Forward-Vereinbarung

Ein Industrieunternehmen benötigt in einem halben Jahr 100.000 Barrel Erdöl (1 Barrel entspricht ca. 159 Liter). Das Unternehmen einigt sich mit einem Erdölproduzenten diese Menge in 6 Monaten zu einem Forwardpreis von 100 USD pro Barrel zu kaufen. Das Unternehmen geht somit eine Long-Position ein, während der Erdölproduzent eine Short-Position hält. Der Vertragswert beträgt insgesamt 10.000.000 USD.

Mit diesem Vertrag hat sich das Industrieunternehmen für die kommenden 6 Monate vor Preiserhöhungen abgesichert. Gleichzeitig schützt sich der Erdölproduzent vor fallenden Marktpreisen. Alternativ hätte das Industrieunternehmen das Erdöl per heute zum aktuellen Kassapreis kaufen und für 6 Monate einlagern können. Die Lagerkosten für diese Alternative sind oft unwirtschaftlich.

Forward und Futures Kontrakte werden im Risikomanagement genutzt, um Risiken auf andere zu transferieren. Der Vertragspartner kann dabei entweder dieses Risiko selbst gebrauchen, da er eine Gegenposition hat oder aber ein Spekulant hofft auf entsprechende Spekulationsgewinne aus der Transaktion.

4.5.4 Swaps

Ein Swap (engl. to swap = tauschen) ist eine Vereinbarung zwischen zwei Vertragsparteien, in der Zukunft anfallende Zahlungsströme auszutauschen. Weit verbreitet sind beispielsweise Zinsswaps, bei denen der Cash-Flow eines festen Zahlungsstromes gegen den eines variablen Zahlungsstromes ausgetauscht wird. Das Unternehmen A verpflichtet sich, die Zinszahlungen zu vereinbarten Zeitpunkten bezogen auf einen vereinbarten Nominalwert für eine zu vereinbarende Zeitdauer zu bezahlen. Im Gegenzug erhält es von Unternehmen B variable Zinszahlungen bezogen auf denselben Nominalwert für denselben Zeitraum. Die variablen Zinszahlungen orientieren sich dabei oftmals an einem Referenzzinssatz (z.B. LIBOR oder EURIBOR). Die hier als Beispiel benutzten Modalitäten sind die einfachste Form eines Zinsswaps („plain vanilla"). Die Vertragsparteien können jedoch viele Varianten vereinbaren, so dass der Swap ein sehr flexibles Instrument ist.

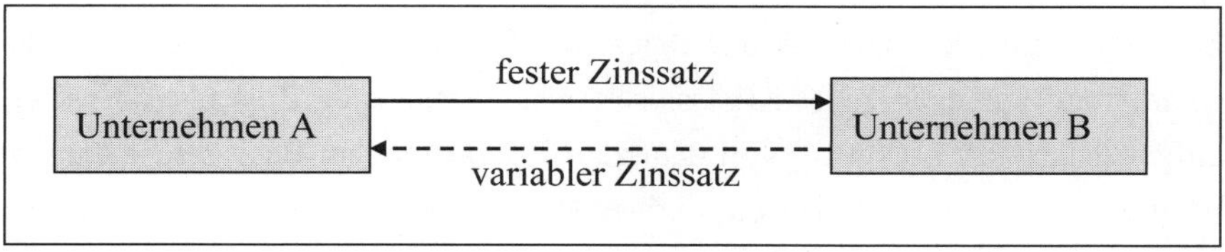

Beispiel einer Zinsswap-Vereinbarung

Nominalbetrag:	10.000.000	Währung:	Euro
Festsatz:	4% p.a.	Laufzeit:	2 Jahre
Referenzzinssatz:	EURIBOR	Zahlungsfrequenz:	jährlich

Der Nominalbetrag bleibt über die Laufzeit konstant. Für die folgende Rechnung wird angenommen, dass der EURIBOR in einem Jahr 4,7% und in zwei Jahren 3,8% beträgt.

Die Zahlungsströme ergeben sich somit wie folgt:

	t_1	t_2
Unternehmen A zahlt an B	400.000 Euro	400.000 Euro
Unternehmen B zahlt an A	470.000 Euro	380.000 Euro
Nettozahlungsstrom für A	+70.000 Euro	-20.000 Euro

An den vereinbarten Zahlungsterminen werden die Zinszahlungen in der Regel saldiert, so dass nach einem Jahr Unternehmen A netto 70.000 Euro erhält, während es nach dem zweiten Jahr 20.000 Euro an Unternehmen B transferieren muss (payment netting).

Mit dem Zinsswap können somit unsichere zukünftige Zahlungsströme in sichere Zahlungsströme umgewandelt werden. Er eignet sich somit als Zinssicherungsgeschäft sowohl auf der Aktiv- als auch auf der Passivseite. Dabei ist zu beachten, dass nicht nur Risiken abgesichert werden, sondern gleichzeitig die Chance auf sinkende Zinsen (Passivseite) bzw. steigende Zinsen (Aktivseite) aufgegeben wird. Da Swaps von dem zugrunde liegendem Basisgeschäft unabhängig sind, kann mit ihnen ein aktives Bilanzmanagement betrieben werden, ohne die Bilanzpositionen selbst verändern zu müssen. Andererseits ist das Verlustrisiko theoretisch unbegrenzt.

Neben Zinsswaps sind folgende Swaps ebenfalls gebräuchlich:

- Währungsswap: Zinsswap mit unterschiedlichen Währungen.
- Devisenswap: Kombination von Devisenkassa- und Devisentermingeschäft, d.h. zwei Währungen werden per heute (Kassageschäft) getauscht und zu einem zukünftigen Zeitpunkt wieder zurück getauscht (Termingeschäft).
- Credit-Default-Swap: Zum Handeln von Ausfallsrisiken.

4.6 Kreditsicherheiten

4.6.1 Grundlagen

Kreditgeber sind bemüht, das Risiko, welches mit der Vergabe eines Kredites einhergeht, zu minimieren. Sorgfältige und umfassende Prüfungen vor Kreditauszahlung sollen das Kreditausfallrisiko reduzieren. Und trotz aller Prüfungen im Vorfeld sind Kreditgeber, gerade bei Großbeträgen, nur gegen Erbringung so genannter Sicherheiten bereit, Kredite zu vergeben.

Einen ersten Überblick gibt nachstehende Darstellung.

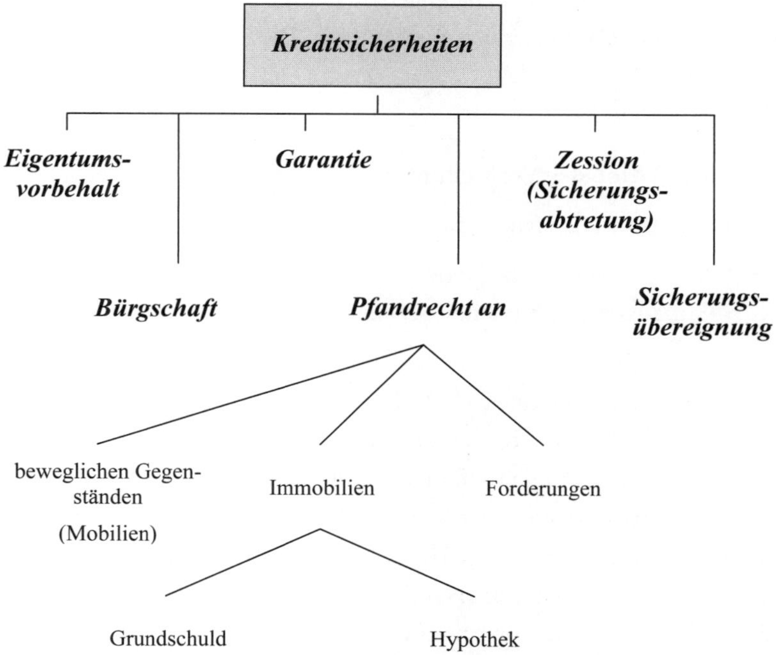

4.6.2 Unterscheidung von Kreditsicherheiten

➯ Nach dem **Träger der Sicherheit** in

- Personalsicherheiten und
- Sachsicherheiten

Personalsicherheiten bieten dem Gläubiger neben dem Hauptschuldner eine weitere Person als Nebenschuldner (z.B. Bürgschaft). Auf diese Person kann bei Ausfall beziehungsweise nicht ordnungsgemäßer Vertragserfüllung des Hauptschuldners Rückgriff genommen werden. Die Bonität des Nebenschuldners entscheidet über die Werthaltigkeit einer solchen Sicherung.

Sachsicherheiten geben dem Gläubiger ein Gut als Sicherheit neben der Haftung des Schuldners (z.B. Sicherungsübereignung). Die Verwertbarkeit dieses Gutes ist maßgeblich.

➯ Nach dem **Maß der Verbindung zwischen Kredit und Sicherheit** in

- Akzessorische Sicherheiten und
- Abstrakte (nicht akzessorische) Sicherheiten (auch treuhänderische oder fiduziarische Sicherheiten genannt)

Akzessorische Sicherheiten sind fest an den jeweils aktuellen Kreditsaldo gebunden. Eine akzessorische Sicherheit, die für die gesamte Kredithöhe bestellt ist, bleibt nicht über die gesamte Laufzeit in dieser Höhe bestehen, sondern reduziert sich in ihrem Umfang mit der Kredittilgung. Das Gesetz weist verschiedenen Sicherungsformen einen zwingend akzessorischen Charakter zu, rein technisch muss daher nicht fortlaufend der Sicherungsvertrag in seiner Höhe herabgesetzt werden. Ist der ursprüngliche Kredit vollständig rückgeführt, erlischt die Sicherheit. Es können anschließend keine weiteren Kredite mit einer solchen Sicherheit abgedeckt werden.

Abstrakte Sicherheiten bleiben hingegen sowohl während als auch nach der Tilgungsphase in voller, anfänglicher Höhe bestehen, unabhängig vom jeweiligen Stand der Kreditinanspruchnahme. Die Hereinnahme solcher Sicherheiten erlaubt eine flexible Kreditausnutzung ohne permanent neue Sicherungsvereinbarungen notwendig zu machen. Banken dringen regelmäßig auf die Stellung nicht-akzessorischer Sicherheiten. Die Sicherheit erlischt nicht automatisch nach vollständiger Tilgung. Gewöhnlich hat der ehemalige Kreditnehmer (Sicherungsgeber) den Kreditgeber zur Löschung der Sicherheit aufzufordern (z.B. Grundschuld).

↳ Nach der **rechtlichen Sicherung des Kredites**

- Sachenrechtliche Sicherung und
- Schuldrechtliche Sicherung

Sachenrechtliche Sicherung benennt Mobilien oder Immobilien als Sicherungsgegenstand neben der Haftung des Schuldners.

Bei schuldrechtlicher Besicherung dient hingegen eine Person (Bürge) oder ein Recht (gewöhnlich Forderungen, aber auch Lizenzen, Patente usw.) als Sicherheit. Diese Unterscheidung kommt derjenigen nach dem Träger der Sicherheit (siehe oben) zwar recht nahe, gleicht ihr jedoch nicht.

4.6.3 Die einzelnen Sicherheiten

4.6.3.1 Eigentumsvorbehalt

Der Verkäufer / Lieferant eines Gutes bleibt bis zur vollständigen vertragsgemäßen Bezahlung rechtlicher Eigentümer (akzessorisch). Das Risiko von Verkauf auf Ziel lässt sich eindämmen.

Befindet sich Ware unter Eigentumsvorbehalt im Besitz eines Unternehmens in Abwicklung (Insolvenz), hat der Gläubiger (Lieferant) das Recht, die Aussonderung der Ware zu verlangen. Anderenfalls würde das Gut in die Insolvenzmasse fallen und der Lieferant nach Bedienung aller besicherter Kredite nur die Konkursquote an seiner Forderung erhalten.

4.6.3.2 Bürgschaft

Ein Bürge (Personalsicherheit) geht gegenüber dem Gläubiger eine Nebenverbindlichkeit ein, aus der er in Anspruch genommen werden kann, sobald der Hauptschuldner seinen Verpflichtungen nicht vertragsgemäß nachkommt.

Bei Vereinbarung der „Einrede der Vorausklage“ muss der Gläubiger vor Rückgriff auf den Bürgen erfolglos das Vollstreckungsverfahren gegen den Hauptschuldner gegangen sein. Ist die Einrede der Vorausklage vertraglich ausgeschlossen (Banken akzeptieren nur solche Bürgschaften, so genannte selbstschuldnerische Bürgschaften), genügt einfacher, ungemahnter Zahlungsrückstand des Hauptschuldners für eine Inanspruchnahme des Bürgen. Die Bürgschaft ist stets akzessorischen Charakters.

4.6.3.3 Garantie

Ebenso wie bei der Bürgschaft tritt eine weitere Person bei Ausfall des Hauptschuldners ein. Eine zukünftige Zahlung beziehungsweise Leistung wird dem Geschäftspartner durch einen Dritten, den Garanten, garantiert.

Garantien sind nicht akzessorisch. Sie können also auch ohne Vorhandensein eines Schuldverhältnisses bestehen.

4.6.3.4 Pfandrecht

Das Pfandrecht zählt zu den Sachsicherheiten. Das Pfand stellt die Sicherheit dar. Es können Rechte, Mobilien und Immobilien verpfändet werden.

Bei Mobilien findet eine Übergabe des Pfandes an den Gläubiger statt (Besitzwechsel). Bei Rechten erfolgt dies gegebenenfalls durch Übergabe der Urkunde, die das Recht verbrieft. Immobilien-Pfandrecht wird auch als Grundpfandrecht bezeichnet. Da sich Immobilien nicht zur Übergabe eignen, tritt an die Stelle eines körperlichen Besitzwechsels eine Eintragung in das Grundbuch bei dem zuständigen Amtsgericht.

Man unterscheidet nach der Art der Bindung der Sicherheit an den Kredit Grundschuld (fiduziarisch / nicht akzessorisch) und Hypothek (akzessorisch).

Da nicht-akzessorische Sicherheiten immer eine bessere Sicherung verkörpern als akzessorische Sicherheiten und außerdem Folgekredite vereinfachen, drängen Banken gewöhnlich auf Bestellung einer Grundschuld. Die Hypothek verlor in den letzten Jahrzehnten kontinuierlich an Bedeutung, ist aber weiterhin präsent. Im Insolvenzfall besteht ein so genanntes Absonderungsrecht, das heißt, der Gegenstand verbleibt in der Insolvenzmasse. Der Anspruch aus einer abgesonderten Forderung wird jedoch bevorzugt befriedigt.

4.6.3.5 Zession (Sicherungsabtretung)

Durch Zession gehen Forderungen des Schuldners als Sicherheiten auf den Gläubiger über. Der Gläubiger (Zessionar) erwirbt folglich vom eigentlichen Schuldner (Zedent) Forderungen, die dieser gegen einen so genannten Drittschuldner hat. Wird der Drittschuldner über die Zession in Kenntnis gesetzt, spricht man von einer offenen Zession, anderenfalls von einer stillen Zession (stille Abtretung). Die Abtretung ist eine häufig genutzte Form der Kreditsicherung, obwohl sie mit einigen Risiken behaftet ist.

Bei stillen Zessionen ist es möglich, dass Forderungen ohne Wissen von Gläubiger und Drittschuldner mehrfach abgetreten werden, beziehungsweise nicht existente (gefälschte) Forderungen abgetreten werden. Da die Zession im Fall der Sicherheitsverwertung den Rückgriff auf eine fremde Forderung bedeutet, ist die Bonität des Drittschuldners entscheidend. Soll mit Hilfe der Zession ein längerfristiger Kredit besichert werden, wirft sich das Problem auf, dass Forderungen, sofern sie nicht minderer Güte sind, nach einer gewissen Zeit beglichen werden und damit die Basis der Kreditsicherung des Zedenten hinfällig wird. Zwei Instrumente zur Ermöglichung der langfristigen Sicherung durch Zession wurden entwickelt:

1. Mantelzession

Der Zedent verpflichtet sich, laufend in einer vereinbarten Höhe (Kreditbetrag, der zu besichern ist zuzüglich eines Risikoaufschlages) Forderungen abzutreten. Wirksam wird diese Zession aber jeweils erst, wenn der Zedent die Forderungen einzeln benennt und dafür Beweise (Debitorenlisten, Rechnungskopien) vorlegt.

2. Globalzession

Bei der Globalzession ist das Benennen einzelner abzutretender Forderungen nicht notwendig. Es werden pauschal alle Forderungen einer bestimmten Spezifikation abgetreten.

Zum Beispiel: Alle Forderungen gegenüber Kunden in einem bestimmten Geschäftsbezirk, einer bestimmten Gruppe aller Kunden oder Ähnlichem.

Um dem Gläubiger eine einigermaßen adäquate Forderungs-Tranche angeben zu können, sind Erfahrungswerte über den gewöhnlichen Bestand an Forderungen aus dieser Tranche unverzichtbar.

4.6.3.6 Sicherungsübereignung

Die Sicherungsübereignung hat gegenüber dem Pfandrecht den entscheidenden Vorteil, dass der Sicherungsgegenstand (Mobilie) nicht übergeben werden muss. Der Kreditnehmer ist in der Lage, seine Vermögenswerte als Kreditsicherungsmittel zu nutzen ohne im Gegenzug auf deren weitere Verwendung verzichten zu müssen. Rechtlich ist dieses Vorgehen im § 930 BGB verankert. Das so genannte Besitzkonstitut sagt aus, dass der Gläubiger Eigentümer und mittelbarer Besitzer der Sache wird. Der Schuldner bleibt jedoch unmittelbarer Besitzer der Sache und kann diese weiterhin verwenden.

Bei Sicherungsübereignung von Produktionsanlagen kann der Kreditnehmer den Wertschöpfungsprozess aufrechterhalten. Dies wäre bei Verpfändung nicht möglich. Ein weiteres beliebtes Beispiel sind sicherungsübereignete Lastkraftwagen. Der Kreditnehmer ist oftmals nur anhand der Erlöse aus der Fahrzeugnutzung in der Lage, den Kredit zu bedienen.

Gefahren, die sich aus der Sicherungsübereignung ergeben können, sind Untergang, Verlust oder Weiterverkauf des Sicherungsgegenstandes durch den Schuldner. Die Sicherheit wird in einem solchen Falle wertlos.

Um sich vor derartigen Gefahren zu schützen, ist die Übergabeverpflichtung der Urkunde denkbar, die das Eigentum am Sicherungsgut verbrieft (zum Beispiel Fahrzeugbrief).

4.7 Kreditrisikotransfer

4.7.1 Grundlagen

Seit einigen Jahren ist ein starker Trend in Richtung der Weiterreichung von Kreditrisiken durch die originär kreditgebende Bank festzustellen. Dafür gibt es zahlreiche Gründe. Als dominierende Faktoren werden der Risikogleichlauf durch immer stärker global integrierte Finanzmärkte sowie die Spezialisierung zahlreicher Banken auf bestimmte Kundensegmente bzw. Regionen angesehen. Mangelnde Diversifikation im Kreditportfolio bringt konzentrierte Risiken und damit Kosten der Risikobearbeitung für die Banken mit sich. Im hart umkämpften Bankenmarkt wäre Diversifikation aber häufig teurer.

Der harte Wettbewerb unter den Banken hat zu einem Verfall der Kreditmargen geführt, so dass sich Kredite unter Risikoaspekten häufig kaum mehr lohnen. Unternehmen kooperieren jedoch zumeist in den für Banken ertragreichen Produktfeldern nur mit solchen Banken, die ihnen auch Kredite gewähren. Wenn die Margen gering sind, decken sie größere Ausfallrisiken nicht mehr. Daher versuchen Banken, die Kreditrisiken mindestens teilweise aus ihren Büchern zu bekommen.

Hinzu kommen die steigenden Forderungen der Investoren nach hohen Eigenkapitalrenditen der Banken. Das zwingt die Banken zu einer stetigen Erhöhung der Ausnutzung des regulatorisch definierten Eigenkapitals. Im Risikomanagement wird dazu versucht, eine möglichst günstige Risikostruktur zu erreichen, unabhängig von der eigenen Geschäftsstruktur. Man kann versuchen, dies über den Risikotransfer zu erreichen.

Wie die Finanzkrise in den Jahren 2007 und 2008 infolge des hochkomplexen Risikotransfers ursprünglich aus dem US-Hypothekenmarkt stammender Risiken zeigt, birgt der nicht hinreichend transparente Risikotransfer aber auch erhebliche Störpotentiale für die Bankenliquidität und die Finanzmärkte als Ganzes. Zusätzlich können Probleme durch asymmetrisch verteilte Informationen bzw. Moral Hazard auftreten.

4.7.2 Instrumente des Kreditrisikotransfers

Es gibt auf der einen Seite klassische Instrumente des Kreditrisikotransfers, die nicht über den Kapitalmarkt im engeren Sinne abgewickelt werden.[95] Darunter fallen Kreditversicherungen, Kreditverkäufe (unter anderem Factoring), Kreditsyndizierungen und bestimmte Sicherungsformen. Das wichtigste Instrument dieser Kategorie ist die Syndizierung.

Auf der anderen Seite entwickeln sich in hoher Geschwindigkeit neue Instrumente des Kreditrisikotransfers, die die Möglichkeiten der globalen Finanzmärkte nutzen. Hierunter fallen insbesondere die Subgruppen der Kreditderivate und der Kreditverbriefungen.

4.7.2.1 Syndizierung: Konsortialkredit

Bei der Syndizierung möchte im ersten Schritt die federführende Bank einem großen Konzernkunden einen sehr großen Kredit, häufig im Bereich mehrerer Milliarden Euro, gewähren. Diese Position würde aber selbst für die größten Banken der Welt eine ungünstige Risikokonzentration bzw. bankaufsichtliche Schwierigkeiten bedeuten. Daher tritt sie als Arrangeur mit anderen Banken in Kontakt und bietet die Weiterreichung von Portionen des Gesamtkredits an. Man formt dann durch Syndizierung einen so genannten Konsortialkredit. Dabei kann der Kreditnehmer entweder von der Syndizierung in Kenntnis gesetzt werden oder die arrangierende Bank reicht die Risiken ohne Information des Schuldners an andere Kreditgeber weiter.

[95] Siehe zum Abschnitt Kreditrisikotransfer weiterführend auch Rudolph et al., Kreditrisikotransfer, 2007.

4.7.2.2 Verbriefung: Asset Backed Securities

Die originäre Form der nichtderivativen Verbriefung („True Sale") stellen die Asset Backed Securities dar. Asset Backed Securities (ABS) heißt wörtlich übersetzt „durch Aktiva gedeckte Wertpapiere".

Ein Unternehmen, häufig eine Bank, gliedert als Originator einen Block von Aktiva (Vermögenswerten) aus seiner Bilanz aus und verkauft diese Aktiva an eine Zweckgesellschaft[96]. Durch die Ausgabe von Wertpapieren (ABS) seitens der Zweckgesellschaft an Investoren werden diese unter Mitwirkung einer Bank beziehungsweise eines Bankenkonsortiums refinanziert. Die Finanzierung über solche Wertpapiere heißt Securitization (Verbriefung). Grundsätzlich sind alle Aktiva, die einen Cash-Flow generieren, zur Verbriefung geeignet. Der Ausgabeerlös der Wertpapiere fließt dem Originator zu.

Ratingagenturen prüfen die Bonität sowohl des Originators als auch der Zweckgesellschaft und die Forderungen (Assets), die zur Besicherung (Backing) der emittierten Wertpapiere dienen. Durch die Zweckgesellschaft werden die Wertpapiere aus den Cash-Flow's der Aktiva zurückgekauft.

Es gibt neben den ABS bzw. als Unterformen der ABS zahlreiche weitere Verbriefungsvarianten. Wesentliche Unterscheidungsmerkmale sind dabei die Form der zugrunde gelegten Forderungen sowie die Ausgestaltung der Wertpapiere. Wichtige Formen sind unter anderen:

- Asset Backed Commercial Papers (ABCP), die zu den ABS nur den Unterschied einer kürzeren Laufzeit haben;
- Mortgage Backed Securities (MBS), die Hypothekenforderungen zugrunde legen;
- Collateralized Debt Obligations (CDO), bei denen verschiedene Formen von Kreditforderungen gegenüber einer Bank als Besicherung für verschiedene zu emittierende Schuldtitel dienen. Darunter fallen unter anderem Collateralized Loan Obligations (CLO) und Collateralized Bond Obligations (CBO).

---

96 Special Purpose Vehicle (SPV).

4.7.2.3 Kreditderivate

Es handelt sich um spezielle Derivate,[97] die eine Abtrennung der Risiken eines Kredits vom eigentlichen Kredit ermöglichen. Grundlage können dabei große Einzelengagements (Großkredite, Anleihepositionen etc.) oder aber vergleichbar mit dem Fall der Verbriefung nach speziellen Kriterien aggregierte Portfolios von Forderungen sein. Hierbei wird die Kreditposition zum Basiswert und determiniert somit die Kursentwicklung des derivativen Instruments.

Wenngleich die einzelnen Ausgestaltungen sehr kompliziert sind, besteht doch eine einheitliche theoretische Grundstruktur: Der ursprüngliche Kreditgeber transferiert gegen Zahlung einer Prämie (Sicherungskauf) einen Teil des Risikos aus dem Kredit an den Sicherungsverkäufer. Dieser hat sodann eine so genannte synthetische Kreditbeziehung zum ursprünglichen Kreditschuldner.

Das klassische Kreditausfallrisiko kann durch Credit Default Swaps (CDS) weitergereicht werden. Das Bonitätsrisiko (auch Spread-Risiko genannt) lässt sich mit Credit Spread Options und Credit Spread Forwards transferieren. Marktpreisrisiken können schließlich durch Total Return Swaps transferiert werden.

Zuletzt sind noch die Verknüpfungen von Verbriefungen und Kreditderivaten zu so genannten hybriden Produkten zu nennen. Darunter fallen alle synthetischen ABS, CDO etc. sowie Credit Linked Notes (CLN).

---

[97] Siehe grundlegend zu derivativen Finanzinstrumenten Abschnitt 4.5.

5 Finanzplanung

5.1 Ermittlung des Kapitalbedarfs

Im Mittelpunkt der Finanzplanung steht die Frage nach dem zukünftigen Kapitalbedarf. Das Unternehmen muss in der Lage sein, die bestehenden Zahlungsverpflichtungen zu begleichen und zukünftige Zahlungsverpflichtungen eingehen zu können. Die **Liquidität** muss daher zu jedem Zeitpunkt gewährleistet sein, ansonsten droht die Insolvenz.[98]

→ Kapitalbedarf entsteht durch zeitliche Divergenz von Einzahlungen und Auszahlungen in einer Planungsperiode. Die Höhe des Kapitalbedarfs ist also je nach Umfang der Geschäftstätigkeit verschieden.

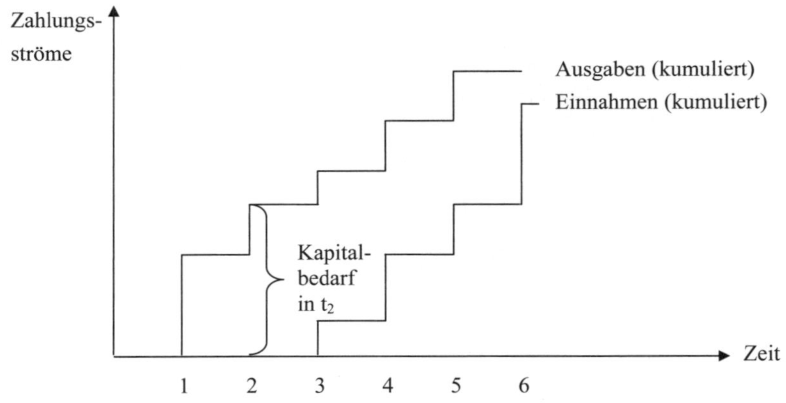

(Quelle: Olfert, Finanzierung, 1987, S. 33)

Die Differenz zwischen kumulierten Auszahlungen und kumulierten Einzahlungen zu einem Zeitpunkt stellt den Kapitalbedarf dar.

[98] Vgl. § 92 AktG: bei Aufzehrung von mehr als 50% des Grundkapitals liegt eine Überschuldung vor.

Wie kommt es zu einer Kapitalunterdeckung bzw. zu Kapitalbedarf?

Für die Herstellung von Gütern fallen Ausgaben an (Maschinen, Personal, Roh-, Hilfs- und Betriebsstoffe, Miete, etc.), die erst später durch Umsatzerlöse wieder erwirtschaftet werden, so dass für die Vorfinanzierung Kapital benötigt wird. Dieser erwartete Kapitalbedarf sollte anhand einer **Kapitalbedarfsrechnung** ermittelt werden.

Anschließend folgt die Überlegung, mit welchen Finanzierungsmitteln der Kapitalbedarf gedeckt werden soll. In den Kapiteln 3 und 4 wurde auf die verschiedenen Finanzierungsformen eingegangen. Mit Hilfe von **Finanzplänen** kann das Unternehmen nun die Kapitalstruktur (Eigenkapital/Fremdkapital) festlegen.

Zu einer soliden Finanzplanung gehört immer eine Abwägung nach dem Vorsichtsprinzip. Der Kapitalbedarf sollte daher mit einem finanziellen Puffer für unvorhersehbare Ereignisse (z.B. Zahlungsschwierigkeiten eines Kunden) kalkuliert werden, um Liquiditätsengpässe zu vermeiden.

Einflussfaktoren auf den Kapitalbedarf	
Interne Faktoren:	**Externe Faktoren:**
▪ Liquidität ▪ Kapitalreserven ▪ Betriebsgröße ▪ Investitionsprogramm ▪ Produktion und Absatz ▪ Materialbedarf	▪ Refinanzierungskosten am Geld- und Kapitalmarkt ▪ Inflationsrate ▪ allgemeines Lohnniveau ▪ Zahlungsmoral der Kunden ▪ steuerliche Aspekte ▪ gesamtwirtschaftliche Lage

5.2 Ziele der Finanzplanung

Hauptziel der Finanzplanung ist die Gewährleistung der Liquidität. Die Erstellung eines Finanzplanes soll diesem Ziel entgegen kommen. Man unterscheidet je nach Fristigkeit zwischen kurzfristigen und langfristigen Finanzplänen.

5.2.1 Kurzfristige Finanzplanung

Für die kurzfristige Finanzplanung werden die erwarteten Zahlungsein- und ausgänge über einen Zeitraum von bis zu einem Jahr gegenübergestellt.[99] So wird aus dem kurzfristigen Liquiditätsplan die Über- bzw. Unterdeckung von Finanzmitteln ersichtlich. In der Praxis erfolgt diese Planung rollierend. Häufig wird sie für die ersten ein bis drei Monate taggenau erstellt. Aufgabe der Unternehmensleitung ist dann die optimale Ausrichtung der Finanzmittel auf den Bedarf.

Bei einer **Unterdeckung** kann das Unternehmen

- Geldausgänge verzögern bzw. verringern (z.B. einen Lieferantenkredit in Anspruch nehmen, Verzicht auf Investitionen, u.a.);
- Geldeingänge vorziehen (sofern möglich);
- Kreditlinien der Banken in Anspruch nehmen.

→ Das Management sollte bestrebt sein, die Zahlungsmittelüberschüsse (Zinsverlust) bzw. Fehlbeträge (Insolvenzrisiko) möglichst gering zu halten.

99 Je nach Branche unterschiedlich: von täglich/wöchentlicher bis quartalsweiser/jährlicher Ermittlung.

Vereinfachtes Beispiel für einen Liquiditätsplan (Planzahlen)

Liquiditätsplan			
	1. Monat	2. Monat	3. Monat
A: Liquide Mittel			
Kassenbestand	5.000	5.000	5.000
Bankguthaben	30.000	50.000	0
Summe	35.000	55.000	5.000
B: Einnahmen			
Umsatzerlöse	210.000	230.000	240.000
Darlehen	0	0	40.000
Sonstige Einnahmen	5.000	5.000	5.000
Summe Einnahmen	215.000	235.000	285.000
C: Ausgaben			
Gehälter	100.000	140.000	140.000
Wareneinkauf	50.000	60.000	60.000
Investitionen	10.000	50.000	10.000
Mieten	10.000	10.000	10.000
Steuern	20.000	20.000	20.000
Zinsen, Tilgung	5.000	5.000	5.000
Summe Ausgaben	195.000	285.000	245.000
Über-/Unterdeckung (B-C)	+20.000	-50.000	+40.000
+/- Summe liquide Mittel	+35.000	+55.000	+5.000
Liquidität	**+55.000**	**+5.000**	**+45.000**
Über-/Unterdeckung kumuliert	(+20.000)	(-30.000)	(+10.000)

[alle Werte in Euro]

5.2.2 Langfristige Finanzplanung

Anders als die kurzfristige Finanzplanung dient die langfristige Ermittlung nicht primär der Liquiditätssicherung, sondern vielmehr der Finanzierung der langfristigen Unternehmensplanung.[100] Man spricht daher auch von einem **sekundären Finanzplan**. Die langfristige Finanzplanung ergibt sich aus den Teilplänen der einzelnen Geschäftsbereiche (Produktion, Absatz, Investition, Personal, etc.). Es werden hierbei die Zahlungsflüsse für mehrere Jahre betrachtet. Daneben werden übergeordnete Unternehmenspläne in die Planung miteinbezogen (z.B. Gang an die Börse, Kapitalerhöhungen, Anleiheemissionen, Käufe und Verkäufe von Unternehmen bzw. Unternehmensteilen, etc.).

5.3 Finanzierungsregeln

Die Wahrung des finanziellen Gleichgewichts ist eine Voraussetzung für dauerhafte unternehmerische Tätigkeit und zugleich eine Sicherheit für Kapitalgeber. In der Praxis haben sich daher ein paar Regeln zur Analyse der Kapitalstruktur gebildet. Das rechtzeitige Erkennen von Ungleichgewichten soll dadurch erleichtert werden.

Man unterscheidet zwischen:

- der **vertikalen Finanzierungsregel**, bei der die Passiv-Seite der Bilanz betrachtet wird und
- den **horizontalen Finanzierungsregeln**, bei denen eine Beziehung zwischen Aktiv- und Passiv-Seite hergestellt wird.

---

[100] Teilweise wird in der Literatur (z.B. Wöhe, Einführung in die Allgemeine Betriebswirtschaftslehre) noch zusätzlich eine mittelfristige Finanzplanung (Planung über ca. 1-5 Jahre) unterschieden.

5.3.1 Vertikale Finanzierungsregel

Bei der vertikalen Finanzierungsregel wird das Eigenkapital zum Fremdkapital ins Verhältnis gesetzt:

$$\frac{EK}{FK} = \frac{1}{1} \rightarrow \text{Idealfall}$$

Die Grundaussage dieser Regel besteht darin, dass die Eigentümer mit dem gleichen Anteil wie die Fremdkapitalgeber zur Finanzierung beitragen sollen. In der Praxis wird sich ein Eigenkapital/Fremdkapital-Verhältnis von 1:1 in den seltensten Fällen finden. Die vertikale Finanzierungsregel unterscheidet nicht nach Branchenzugehörigkeit (ein Dienstleistungsunternehmen lässt sich in der Kapitalstruktur nicht mit einem anlagenintensiven Produktionsbetrieb vergleichen). Ein EK/FK-Verhältnis von 1:3 wird gerade noch als akzeptabel angesehen.[101]

Kritik:

- keine Branchenunterscheidung
- Regel wird in der Praxis kaum eingehalten
- keine Aussagekraft über die tatsächliche Liquidität
- es existiert keine wissenschaftliche Fundierung für das EK/FK-Verhältnis von 1:1

→ Eine hohe Eigenkapitalquote dient der Verbesserung der Kreditwürdigkeit.

[101] Nach Angaben der Deutschen Bundesbank sind deutsche Unternehmen im Durchschnitt zu rund 25% mit Eigenmitteln finanziert; sie entsprechen so gesehen der vertikalen Finanzierungsregel (vgl. Deutsche Bundesbank, Monatsbericht, Dezember 2007, S. 44).

5.3.2 Horizontale Finanzierungsregeln

Kernbestandteil der horizontalen Finanzierungsregeln ist die Fristenkongruenz. Dies bedeutet, dass die Dauer der Kapitalbindung (→ Aktiv-Seite) gleich der Dauer der Mittelverfügbarkeit (→ Passiv-Seite) sein sollte.

Der Ursprung dieser Regeln kommt aus dem Bankensektor. Die goldene Bankregel (bzw. goldene Finanzierungsregel) besagt, dass kurzfristige Kundengelder (z.B. Kontokorrent-Bodensatz, Sparbücher, Tagesgelder) nur kurzfristig in Form von Krediten ausgegeben werden dürfen bzw. dass langfristige Kundengelder (z.B. Spareinlagen, Festgelder) mit langfristigen Krediten versehen werden dürfen. Würde der Bankier beispielsweise ein sechs Monate angelegtes Festgeld (→ Aktivgeschäft) für 2 Jahre als Kredit (→ Passivgeschäft) verleihen, so hätte er bei Fälligkeit des Festgeldes das Problem der Anschlussfinanzierung. Findet der Bankier keine neuen Anleger, droht ihm die Zahlungsunfähigkeit.

Goldene Bankregel: $\frac{EK}{Anlagevermögen\ (AV)} \geq \frac{1}{1}$ → mindestens 100%

Da die goldene Bankregel für andere Branchen aufgrund fehlender Beziehungen zwischen Aktiv- und Passiv-Geschäft ungeeignet ist, wurde sie für diese zur goldenen Bilanzregel abgewandelt. Die Orientierung an der Fristenkongruenz zwischen Kapitalbindung und Kapitalverfügbarkeit bleibt bestehen.

Goldene Bilanzregel: $\frac{(EK + langfristiges\ FK)}{AV} \geq \frac{1}{1}$ → mindestens 100%

Kritik:

- Keine Aussagekraft über die tatsächliche Liquidität
- Fristen in der Bilanz entsprechen vielfach nicht den wirklichen Fristen
- Nichtbeachtung der Regeln bedeutet nicht unbedingt Zahlungsunfähigkeit, sofern die Anschlussfinanzierung gesichert ist

5.4 Optimale Kapitalstruktur

In diesem Kapitel geht es um die Fragestellung, wie der zuvor errechnete Kapitalbedarf optimal gedeckt werden kann. Dabei steht vor allem das Verhältnis von Eigenkapital zu Fremdkapital im Mittelpunkt.

Dieses Verhältnis soll im Hinblick auf die Unternehmensziele

- **Rentabilität** (Gewinnmaximierung),
- **Liquidität** und
- **Sicherheit**

analysiert werden.

5.4.1 Rentabilität

Fremdkapitalgeber sind an einer hohen Eigenkapitalquote zur Minimierung ihrer Ausfallrisiken interessiert, wohingegen die Eigenkapitalgeber zur Erreichung des Zieles „Maximierung der Eigenkapital- Rentabilität" eine hohe Fremdkapitalquote anstreben. Unter gewissen Voraussetzungen kann die Eigenkapital-Rentabilität gesteigert werden, wenn das Fremdkapital zunimmt.

Um die Rentabilität des Eigenkapitals (r_{EK}) zu messen, wird der Nettogewinn ins Verhältnis zum EK gesetzt:

$$r_{EK} = \frac{Nettogewinn}{Eigenkapital}$$

Der Nettogewinn ist der Gewinn abzgl. der Kosten des Fremdkapitals (z.B. Zinszahlung). Man könnte die Formel auch wie folgt umschreiben:

$$r_{EK} = \frac{Gewinn - Zinszahlung\ für\ Fremdkapital\ (i_{FK} \cdot FK)}{Eigenkapital}$$

(i_{FK} = *Zinssatz p.a.*)

Beispiel 1

Gesamtkapital (GK): 1.000.000 Euro

- *davon Eigenkapital (EK): 500.000 Euro*
- *davon Fremdkapital (FK): 500.000 Euro*

FK-Zinsen $i_{FK} = 8\%$ *p.a.* ($\rightarrow i_{FK} \cdot FK = 40.000$ *Euro*)

Gewinn: 100.000 Euro

1) *Eigenkapitalrentabilität:*

$$r_{EK} = \frac{100.000 - 40.000}{500.000} = 0{,}12 = 12\%$$

2) *Ohne Einsatz von Fremdmitteln (EK = GK = 1.000.000 Euro) hätte man eine Eigenkapitalrentabilität von (c.p.):*

$$r_{EK} = \frac{100.000 - 0}{1.000.000} = 0{,}10 = 10\%$$

3) *Nun wollen wir noch folgenden Fall betrachten:*

FK 750.000 Euro und EK 250.000 Euro (c.p.)

$$r_{EK} = \frac{100.000 - 60.000}{250.000} = 0{,}16 = 16\%$$

Tabellarisch dargestellt ergibt sich:

Fremdkapital	0 Euro	500.000 Euro	750.000 Euro
r_{EK}	10%	12%	16%
Nettogewinn	100.000 Euro	60.000 Euro	40.000 Euro

An diesem Beispiel kann man erkennen, dass unter den obigen Bedingungen die Eigenkapitalrentabilität mit zunehmendem Verschuldungsgrad ansteigt. Der abnehmende Nettogewinn erscheint zwar zunächst als Widerspruch. Entscheidend ist jedoch, dass der **Gewinn pro Anteil Eigenkapital** steigt.

→ Das Fremdkapital entfaltet in Verbindung mit der EK-Rentabilität eine Hebelwirkung. Diese Hebelwirkung nennt man Leverage-Effekt.

Im obigen Beispiel haben wir einen positiven Hebeleffekt, was daran liegt, dass die Verzinsung des Gesamtkapitals größer ist als die Verzinsung des Fremdkapitals. Dieser Zusammenhang soll nun formal dargestellt werden.

Zur Herleitung des Sachverhaltes muss zunächst die Formel für die Gesamtkapitalrentabilität (r_{GK}) aufgestellt werden.

Gesamtkapitalrentabilität:[102]

$$r_{GK} = \frac{Gesamtgewinn}{Gesamtkapital} = \frac{Nettogewinn + i_{FK} \cdot FK}{EK + FK}$$

Den Nettogewinn kann man durch folgende Gleichung substituieren:

$$Nettogewinn = r_{EK} \cdot EK$$

[102] Die Gesamtkapitalrentabilität wird häufig als „return on investment" (ROI) bezeichnet.

1.) $r_{GK} = \frac{r_{EK} \cdot EK + i_{FK} \cdot FK}{GK}$ → diese Formel wird nach $r_{EK} \cdot EK$ aufgelöst

2.) $r_{GK} \cdot GK = r_{EK} \cdot EK + i_{FK} \cdot FK \Leftrightarrow r_{EK} \cdot EK = (r_{GK} \cdot GK) - i_{FK} \cdot FK$

3.) $r_{EK} = \frac{(r_{GK} \cdot GK) - i_{FK} \cdot FK}{EK} = \frac{r_{GK} \cdot (EK + FK) - i_{FK} \cdot FK}{EK}$

4.) $r_{EK} = \frac{r_{GK} \cdot EK + r_{GK} \cdot FK - i_{FK} \cdot FK}{EK} = \frac{r_{GK} \cdot \cancel{EK}}{\cancel{EK}} + \frac{r_{GK} \cdot FK - i_{FK} \cdot FK}{EK}$

5.) $r_{EK} = r_{GK} + \underbrace{(r_{GK} - i_{FK})}_{\downarrow} \cdot \frac{FK}{EK}$ → **Leverage-Formel**

Der Klammerausdruck gibt die Richtung der Hebelwirkung an.

$r_{GK} > i_{FK}$ → positive Hebelwirkung

$r_{GK} < i_{FK}$ → negative Hebelwirkung

Vergleichen wir nun die Leverage-Formel mit unserem *Beispiel 1*:

Zunächst müssen wir r_{GK} berechnen: $r_{GK} = \frac{100.000}{1.000.000} = 0{,}10 = 10\%$

Eigenkapitalrentabilität: $r_{EK} = 10 + (10 - 8) \cdot \frac{500.000}{500.000} = 12\%$

→ *das Resultat ist folglich identisch.*

Beispiel 2

Unter Berücksichtigung der Daten von Beispiel 1 soll nun die Eigenkapitalrentabilität berechnet werden, wenn die Gesamtkapitalrentabilität nur bei 3% liegt.

$r_{GK} = 3\%$

$i_{FK} = 8\% \ p.a.$

$$r_{EK} = 3 + (3 - 8) \cdot \frac{500.000}{500.000} = -2\%$$

→ *Die Eigenkapitalrentabilität ist negativ.*

Bewertung des Leverage-Effekts

Rein theoretisch würde im Falle $r_{GK} > i_{FK}$ die maximale Eigenkapitalrentabilität bei einer Finanzierung mit Fremdkapital gegen 100% erreicht. Allerdings sind bei der Beurteilung des Leverage-Effekts einige Grenzen zu beachten:

- Die Fremdkapitalgeber wollen ihr Risiko bei zunehmendem Verschuldungsgrad teurer bezahlt haben, so dass i_{FK} mit zunehmender Verschuldung größer als r_{GK} wird und der Hebeleffekt negativ wird.
- Fremdkapital ist außerdem nicht unbegrenzt zu bekommen. Das Eigenkapital ist daher nicht beliebig durch Fremdkapital zu substituieren.
- Zins und Tilgung des Fremdkapitals führen zu einer Liquiditätsbelastung[103].
- Die Annahme einer konstanten Gesamtkapitalrentabilität r_{GK} ist unrealistisch.

103 „Der Siedepunkt der Rentabilität ist der Gefrierpunkt der Liquidität“ (Thommen/Achleitner, Allgemeine Betriebswirtschaftslehre, 2006).

5.4.2 Liquidität

Bei der Betrachtung der Liquidität soll die Zahlungsfähigkeit analysiert werden. Man unterscheidet zwischen:

1) **Liquidität 1. Grades** (cash ratio):

$$Cash\ ratio = \frac{flüssige\ Mittel}{kurzfr.\ Verbindlichkeiten}$$

→ sollte mindestens 100% betragen.

2) **Liquidität 2. Grades** (quick ratio):

$$Quick\ ratio = \frac{flüssige\ Mittel + kurzfr.\ Forderungen}{kurzfr.\ Verbindlichkeiten}$$

→ Wert sollte deutlich über 100% liegen, um Ausfallrisiko und Risiko der Zahlungsverzögerung einzukalkulieren.

3) **Liquidität 3. Grades** (current ratio):

$$Current\ ratio = \frac{flüssige\ Mittel + kurzfr.\ Forderungen + Vorräte}{kurzfr.\ Verbindlichkeiten}$$

→ wenig aussagekräftiger Wert, da eine Absatzgarantie der Vorräte nicht gewährleistet ist.

Unter **flüssigen Mitteln** versteht man:

- Kasse (Bargeld),
- Bankguthaben,
- Schecks,
- Wechsel.

Kurzfristige Verbindlichkeiten: Verbindlichkeiten bis zu 3 Monaten

Die Liquiditätsgrade sagen aus, in welcher Höhe (in Prozent) die kurzfristigen Verbindlichkeiten am Bilanzstichtag durch Liquidität gedeckt sind (stichtagsbezogene Analyse). Sie geben keine Information über die zukünftige Liquidität und sind daher nur begrenzt aussagekräftig.

Eine zeitraumbezogene Analyse liefert der Cash-Flow, der in Kapitel 3.2 behandelt wurde.

5.4.3 Sicherheit

Unter Sicherheit versteht man die langfristige Existenzsicherung der Unternehmung und somit auch die Sicherheit der Gläubiger. Zur Analyse eignen sich folgende Kennzahlen:

Verschuldungsgrad[104]: $V = \frac{Fremdkapital}{Gesamtkapital}$

Eigenkapitalanteil: $\frac{Eigenkapital}{Gesamtkapital}$

→ mindestens 20% werden empfohlen.

---

[104] Bzw. auch Fremdkapitalanteil genannt.

Anlagequote: $\frac{Anlagevermögen}{Gesamtvermögen}$

→ abhängig von der Branche (z.B. chemische Industrie, Maschinenbau: hohe Anlagequote; Handel, Dienstleistungsgesellschaften: niedrige Anlagequote).

Je höher die Anlagequote desto höher der Fixkostenanteil.

Investitionsverhältnis: $\frac{Umlaufvermögen}{Anlagevermögen}$

Umlaufintensität: $\frac{Umlaufvermögen}{Gesamtvermögen}$

Insgesamt gilt, dass alle Kennzahlen für sich alleine genommen wenig aussagekräftig sind und zur Analyse ein Vergleichsmaßstab (z.B. Zeit- oder Branchenvergleich) benötigt wird.

⇨ Weitere Aufgaben mit Lösungen in den Abschnitten 7 und 8

5.4.4 Modelle zur optimalen Kapitalstruktur

Ein Modell ist eine vereinfachte Abbildung der Realität. Insgesamt gibt es viele Modell-Überlegungen zum optimalen Verschuldungsgrad. Neben dem bereits erwähnten Leverage-Effekt soll hier nun auf zwei Kapitalmarkt-orientierte Modelle eingegangen werden, das traditionelle Modell und das Modigliani-Miller-Theorem[105].

5.4.4.1 Traditionelles Modell

Beim traditionellen Modell sollen die Kapitalkosten und ihre Einflussfaktoren analysiert werden. Hierzu werden folgende **Prämissen** unterstellt:

- Die **Kapitalkosten** sind als Renditeforderung der Kapitalgeber (EK und FK) zu verstehen:

$$k_{GK} = \frac{k_{EK} \cdot EK + k_{FK} \cdot FK}{GK}$$ → durchschnittlicher Kapitalkostensatz

$$k_{EK} \,{}^{106}\!= \frac{Bruttogewinn - i_{FK} \cdot FK}{EK}$$

$$k_{FK} = \frac{i_{FK} \cdot FK}{FK}$$

---

105 Franco Modigliani erhielt für seine Überlegungen zum Kapitalmarkt 1985 den Nobelpreis für Ökonomie. Sein Weggefährte Merton H. Miller wurde 1990 mit dem begehrten Preis geehrt.

106 Die Eigenkapitalrentabilität wird hier deshalb mit k_{EK} bezeichnet, da es sich um die Kapitalkosten für EK handelt. Natürlich könnte man statt k_{EK} auch r_{EK} schreiben.

- Die Kapitalgeber fürchten bei zunehmendem Verschuldungsgrad ein Verlustrisiko, so dass sie ihre Zinsforderung um einen **Risikoaufschlag** erhöhen.

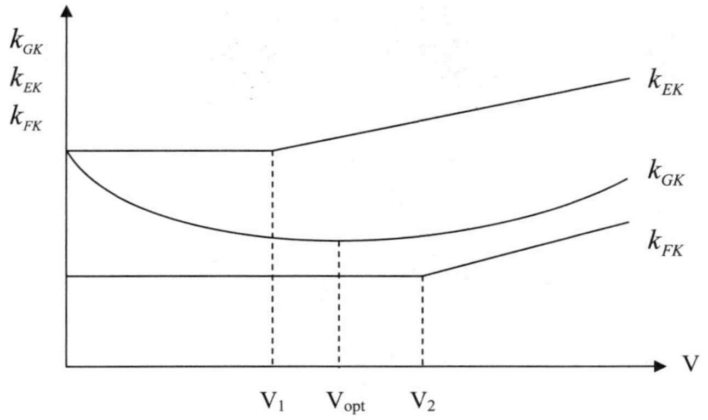

Die Grafik zeigt, dass bei V_{opt} der durchschnittliche Kapitalkostensatz minimal ist. An dieser Stelle liegt also die optimale Kapitalstruktur (bzw. ist der Marktwert des Unternehmens maximal). Ab dem Punkt V_1 verlangen die Eigenkapitalgeber einen Risikoaufschlag. Die Fremdkapitalgeber sehen das Risiko der zunehmenden Verschuldung erst ab dem Punkt V_2 kritischer und fordern ab diesem Zeitpunkt eine zusätzliche Risikoprämie.

Bis V_{opt} sinkt k_{GK}, da sich die zunehmende Beimischung von kostengünstigerem FK bemerkbar macht. Ab V_{opt} macht sich der Risikoaufschlag der Kapitalgeber bemerkbar, so dass k_{GK} ansteigt.

Modellkritik:

- Marktschwankungen (verursacht z.B. durch Spekulationen, Kursschwankungen, Marktenge) werden nicht berücksichtigt.
- Unterschiedliche Präferenzen der Kapitalgeber bleiben unbeachtet.
- Unterschiede in der Risikostruktur der Unternehmen werden vernachlässigt.

5.4.4.2 Modigliani-Miller-Theorem

Modigliani/Miller stellten in ihrem 1958 erschienenen Aufsatz[107] das „traditionelle Modell“ in Frage und setzten ihm die These entgegen, dass ein optimaler Verschuldungsgrad nicht existiert, und dass es keinen Zusammenhang zwischen Kapitalkosten und Verschuldungsgrad gibt. Sie entwickelten folgendes Modell:

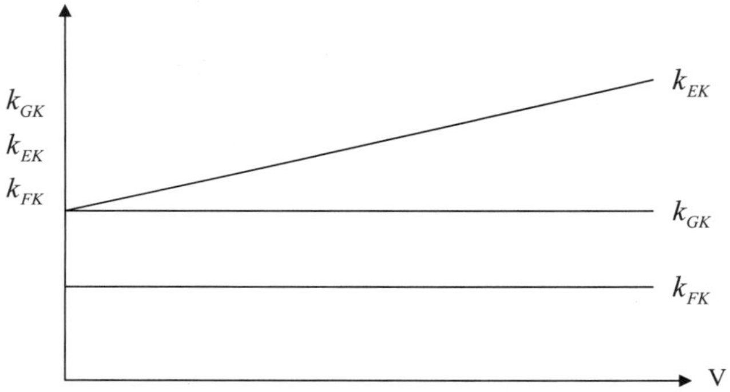

Das Modigliani-Miller-Theorem besagt, dass der durchschnittliche Kapitalkostensatz **konstant** verläuft und somit vom Verschuldungsgrad **unabhängig** ist. Die von den Eigenkapitalgebern geforderte Rendite erhöht sich mit zunehmendem Verschuldungsgrad. Das Modigliani-Miller-Theorem unterstellt außerdem einen **vollkommenen Kapitalmarkt**, auf dem beliebiges Kapital zu einem festen Zinssatz k_{FK} erhältlich ist.

---

[107] Vgl. Modigliani/Miller, The cost of capital, corporation finance and the theory of investment, 1958, S. 261 ff.

Die **Prämissen** des Modells lassen sich wie folgt beschreiben:

- Annahme des vollkommenen Marktes[108], daher keine Transaktionskosten. Es bestehen Arbitragemöglichkeiten[109].
- Kein Forderungsausfall für Fremdkapitalgeber. Aus diesem Grund gibt es einen festen Zinssatz k_{FK}, der entsprechend gering ist.
- Die Anleger sind risikoscheu.
- Unternehmen werden zu einheitlichen Risikoklassen mit einheitlichen Gewinnerwartungen zusammengefasst.

Modellkritik:

- Annahme des vollkommenen Marktes ist unrealistisch.
- In der Praxis lassen sich die Fremdkapitalgeber ihr durch zunehmende Verschuldung bedingtes steigendes Ausfallrisiko mit einem höheren Zinssatz bezahlen.
- Die Einteilung der Unternehmen in Risikoklassen ist nicht möglich, ebenso wie die Annahme einheitlicher Gewinnerwartungen.

---

108 Dies bedeutet: vollkommene Markttransparenz, keine Präferenzen der Marktteilnehmer (→ homogene Güter), unendliche Anpassungsgeschwindigkeit, Nutzen- bzw. Gewinnmaximierung als Ziel der Marktteilnehmer.

109 Unter Arbitrage versteht man die Ausnutzung von Preis-, Kurs- und Zinsunterschieden an verschiedenen Märkten zur Gewinnerzielung. Volkswirtschaftlich betrachtet führen Arbitragegeschäfte zum Ausgleich der Preis-, Kurs- und Zinsunterschiede auf unterschiedlichen

5.4.5 Strategie bei der Kapitalstruktur

Neben den eher theoretischen Überlegungen zur optimalen Kapitalstruktur soll an dieser Stelle das für die betriebliche Praxis wichtige **Autonomiestreben** behandelt werden.

Die Wahrung der unternehmerischen Unabhängigkeit ist mit zunehmenden Verschuldungsgrad gefährdet. Die Kapitalgeber üben eine Kontrollfunktion über die Geschäftsführung aus oder fordern sogar Mitspracherechte bis hin zur De-facto-Geschäftsführung. Dabei gilt: je mehr Vertrauen in das Management besteht und je besser die Kreditwürdigkeit des Unternehmens, desto geringer ist der Anlass zu einer Einflussnahme seitens der Kapitalgeber. Dies lässt sich sehr gut bei Insolvenzen oder Sanierungen beobachten. Die Hauptgläubiger übernehmen in der Regel Geschäftsführungskompetenzen in Form eines neuen Geschäftsführers oder knüpfen weitere Kredite an die Erfüllung von Sanierungsplänen oder andere Bedingungen.

6 Basel II

6.1 Einleitung

Seit Anfang des Jahres 2007 sind die neuen Eigenkapitalregeln nach Basel II in den Staaten der Europäischen Union in Kraft. Nach einem mehrstufigen Beratungs-, Feedback- und Verhandlungsprozess, der seit 1999 offiziell lief, verabschiedete der Baseler Ausschuss für Bankenaufsicht im Jahr 2004 eine Empfehlung für eine neue Rahmenvereinbarung über die Eigenkapitalanforderungen für Kreditinstitute.[110] Durch die Gesetzgebung der EU in Form der Modernisierung der Banken- und der Kapitaladäquanzrichtlinie waren die Mitgliedsstaaten der EU verpflichtet, die neuen Regelungen bis Ende 2006 in nationales Recht umzusetzen. In den USA hingegen wird Basel II bislang aufgrund andauernder Beratungen nur teilweise und lückenhaft angewandt.[111]

Im deutschen Recht wurden die neuen Richtlinien der EU in das Kreditwesengesetz (KWG) übernommen. Die Solvabilitäts-Verordnung (SolvV) regelt die Angemessenheit der Eigenmittel; die Groß- und Millionenkredit-Verordnung (GroMiKV) bestimmt die Behandlung von Großkrediten; und die so genannten Mindestanforderungen an das Risikomanagement (MaRisk) geben die qualitativen Minimalstandards an das Risikomanagement vor. Die SolvV ersetzt den bisherigen Grundsatz I.

---

110 Der Baseler Ausschuss für Bankenaufsicht wurde 1975 von den Präsidenten der Zentralbanken der G10-Staaten gegründet. Er setzt sich zusammen aus Vertretern der Zentralbanken und der Bankenaufsichtsbehörden. Er tritt in der Regel alle 3 Monate in Basel zusammen.

111 Vgl. Deutsche Bundesbank, Monatsbericht Dezember 2006, S. 69 ff. Weitere Informationen zum Thema Basel II aus verschiedenen betriebs- und volkswirtschaftlichen Perspektiven bietet der Beitragsband „Basel II – Auswirkungen auf die Finanzierung, Unternehmen und Banken im Strukturwandel“, herausgegeben von Übelhör/Warns im PD-Verlag, 2004. Vgl. auch Baseler Ausschuss für Bankenaufsicht, Consensus achieved on Basel II proposals, 2004.

6.2 Der Weg zu Basel II

Im so genannten Baseler Akkord (o.a. Basel I) von 1988 wurde eine einheitliche Mindesteigenkapitalausstattung von 8% auf risikobehaftete Aktiva („RWA“) (Kredite, u.a.) als Puffer für unerwartete Kreditrisiken vorgeschrieben und Verbesserungsinstrumente für die Bankenaufsicht beschlossen.[112] Mit diesen Regelungen sollte Krisen im Bankensektor vorgebeugt werden.

Ein starker Wandel im Kreditgeschäft in den letzten Jahren machte eine Neuregelung erforderlich. Hauptkritikpunkt war die einheitliche Mindestkapitalunterlegung, die letztendlich eine Quersubventionierung von Krediten zwischen guten und schlechten Schuldnern darstellte. Dies liegt daran, dass die Eigenkapitalunterlegung der Kredite als Eigenkapitalkostensatz im Kreditzins enthalten ist. Die folgende Übersicht zeigt auf, wie sich der Kreditzins zusammensetzt:

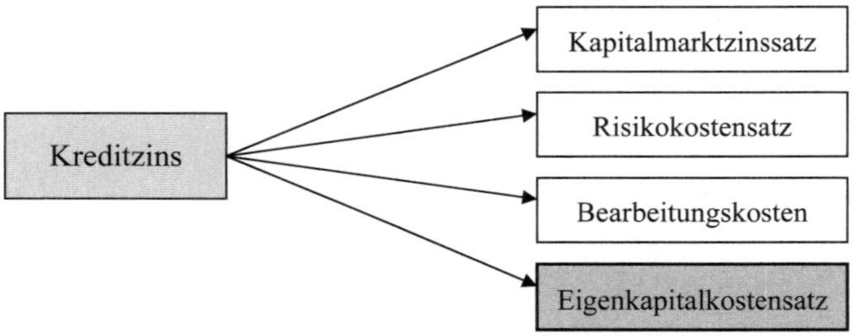

Prinzip der Eigenkapitalunterlegung nach Basel I

Nach Basel I wurden die Schuldner in vier Risikoklassen eingeteilt:

0%	Kredite an OECD-Staaten
20%	Kredite an Banken mit Sitz in OECD[113]-Staaten
50%	Wohnungsbau-Hypothekenkredite
100%	Kredite an Unternehmen / an alle übrigen Kunden

---

[112] Zunächst richteten sich die Regelungen an international tätige Banken. Mittlerweile handelt es sich um weltweit anerkannte Standards, die in entsprechenden Richtlinien auf EU-Ebene und bundesdeutschem Recht (KWG) verankert sind (vgl. Monatsbericht der Deutschen Bundesbank, April 2001, S. 16).

[113] OECD = Organization for Economic Co-operation and Development.

Die Einteilung bedeutete, dass für Kredite an bestimmte Staaten keine Eigenkapitalunterlegung verlangt wurde (0% von 8%). Wurden Kredite an andere Banken gewährt, so mussten 1,6% (20% von 8%) unterlegt werden, usw.

> *Beispiel*
>
> *Für einen Kredit in Höhe von 10 Mio. Euro mussten mit Eigenkapital unterlegt werden:*
>
> - *0 Euro* (*→ bei OECD-Staaten*)
> - *160.000 Euro* (*→ bei Banken*)
> - *400.000 Euro* (*→ für Hypothekenkredite*)
> - *800.000 Euro* (*→ bei allen übrigen Kunden*)

Der Nachteil dieser Regelung liegt auf der Hand: sie führte zu Fehlanreizen bei der Kreditvergabe, da innerhalb der Risikoklassen keine weiteren Abstufungen vorgenommen wurden. Es ergaben sich Preisverzerrungen bei den Kreditkonditionen, da die Gewichtung unabhängig von der Bonität des Schuldners erfolgte. Die Einführung einer Risikogewichtung in Form eines Unternehmens-Ratings war daher ein wichtiges Ziel der neuen Eigenkapitalrichtlinien. Aber auch Reformen im Bereich der Bankenaufsicht und eine Förderung der Markttransparenz sind im neuen Regelwerk berücksichtigt worden. Diese drei Säulen von Basel II sollen die Stabilität des nationalen und internationalen Finanzsektors verbessern.

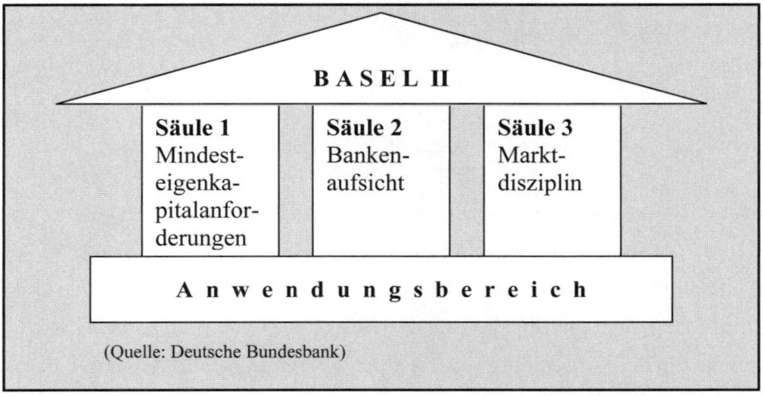

(Quelle: Deutsche Bundesbank)

6.3 Die drei Säulen von Basel II

6.3.1 Säule 1: Mindestkapitalanforderungen

Die Anforderung der Eigenkapitalunterlegung in Höhe von 8% wird bei Basel II beibehalten. Allerdings werden die Risikogewichte nun nach der Bonität der Schuldner differenziert. Bei guten Schuldnern ist zukünftig weniger Eigenkapital vorzuhalten als bei schlechten Schuldnern, so dass eine risikoadäquate Bepreisung der Kredite möglich wird.

Bei der Frage, welche Risiken mit Eigenkapital unterlegt werden müssen, werden die drei Felder **Kreditrisiko**, **operationelles Risiko** und **Marktrisiko** berücksichtigt. Während das Kreditausfallrisiko und das Marktrisiko bereits beim früheren Aufsichtsrecht für die Eigenkapitalunterlegung herangezogen wurden, fließt mit dem operationellen Risiko eine neue Komponente ein.

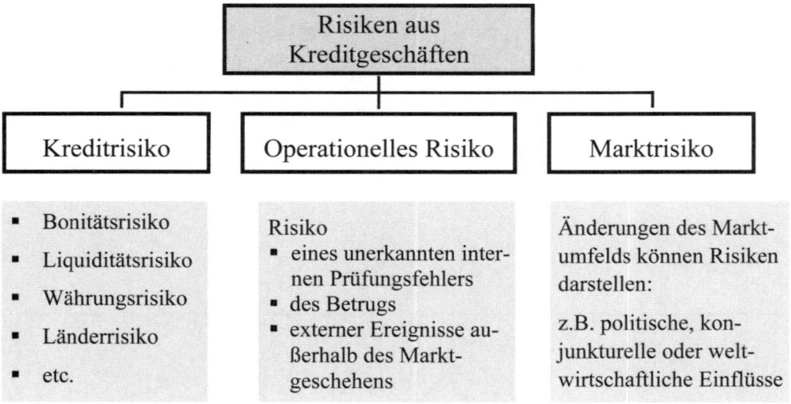

Die Gewichtung der Risiken erfolgt nun nach der Formel:

$$\frac{Eigenmittel}{12{,}5 \cdot (RWA_{neu} + MRP_{neu} + OpR)} \geq 8\% \; (Eigenkapitalquote)$$

RWA steht für den Anrechnungsbetrag der risikogewichteten Aktiva und MRP beschreibt den Anrechnungsbetrag der Marktrisikopositionen nach SolvV; und OpR steht für den Anrechnungsbetrag für das operationelle Risiko. Für die Berechnung der jeweiligen Positionen kommen verschiedene Verfahren zur Anwendung, die im Folgenden näher betrachtet werden.

6.3.1.1 Kreditausfallrisiko

Wesentliche Neuerungen gibt es bei der Bewertung des Kreditausfallrisikos. Es wird eine differenziertere Betrachtung der Kreditrisiken angestrebt. Das Kreditausfallrisiko ist das klassische Risiko bei der Kreditvergabe und besteht im Wesentlichen aus Liquiditäts- und Bonitätsrisiko des Schuldners. Findet hierauf keine eingehende Prüfung vor der Kreditvergabe statt, steht ein Kreditinstitut unter Umständen hohen Kreditausfällen gegenüber und muss ertragsschmälernde beziehungsweise verlustbringende Wertberichtigungen vornehmen.

Grundlage für die Bemessung des Kreditausfallsrisikos ist nach Basel II die Bonitätsbeurteilung des Schuldners durch ein Rating. Dabei werden drei Bewertungsmethoden für das Rating anerkannt: die (auf externen Ratings basierende) **Standardmethode (KSA)**, der **IRB-Ansatz** („Internal Ratings Based Approach") **in der Basisversion** („Foundation Approach") und **in der fortgeschrittenen Version** („Advanced Approach"). Die Wahl eines Ansatzes kann das jeweilige Kreditinstitut festlegen, der dann aber – abgesehen von wenigen Ausnahmen – konsequent angewendet werden muss.

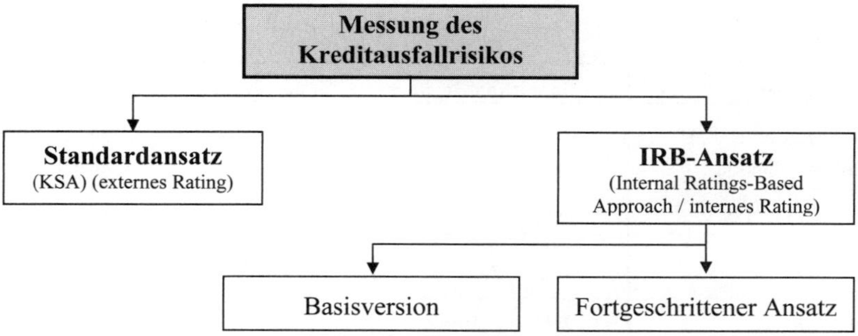

Die IRB-Ansätze (IRBA) beziehen sich auf interne Ratings seitens der Banken. Sie beinhalten für die Kreditinstitute den größeren technischen und organisatorischen Aufwand, da sie sehr fortgeschrittene Risikomess- und Steuerungssysteme entwickeln müssen (vor allem beim fortgeschrittenen IRB). Andererseits ermöglichen sie eine wesentlich differenziertere Risikoeinschätzung als der Standard-Ansatz und beseitigen das Problem, dass viele Unternehmen gerade in Deutschland nicht über ein externes Rating verfügen.

6.3.1.1.1 Kreditrisiko-Standardansatz

Externe Rating-Agenturen (ECAI) müssen von den nationalen Aufsichtsbehörden anerkannt werden und die folgenden Anforderungskriterien erfüllen:

- Objektivität (Systematik und Validierbarkeit) und Glaubwürdigkeit;
- Unabhängigkeit (von politischen Einflüssen u. wirtschaftlichem Druck);
- internationaler Zugang / Transparenz / Veröffentlichungspflichten;
- genügend Ressourcen für qualitativ hochwertige Ratings;
- mindestens jährliche Überprüfung der erfolgten Bonitätsbeurteilungen.

Die externen Rating-Agenturen bewerten in einem umfangreichen Prozess die quantitativen und qualitativen Merkmale von Unternehmen. Das Ratingergebnis weist das Unternehmen dann einer entsprechenden Risikoklasse zu. Je besser das Rating ausfällt, desto geringer sind die Finanzierungskosten des Unternehmens am Kapitalmarkt, da die Wahrscheinlichkeit des Schuldnerausfalls sinkt.

<table>
<tr><td colspan="2" rowspan="2"></td><td colspan="7">Risikoklassen am Beispiel der Notation von Standard & Poor´s[114]</td></tr>
<tr><td>AAA bis AA-</td><td>A+ bis A-</td><td>BBB+ bis BBB-</td><td>BB+ bis BB-</td><td>B+ bis B-</td><td>unter B-</td><td>ohne Rating</td></tr>
<tr><td colspan="2">Kreditnehmer</td><td colspan="7">Mindestunterlegungssatz (in % des Standardsatzes von 8%)</td></tr>
<tr><td colspan="2">Staaten/Zentralbanken</td><td>0%</td><td>20%</td><td>50%</td><td colspan="2">100%</td><td>150%</td><td>100%</td></tr>
<tr><td>Banken</td><td>Option 1</td><td>20%</td><td>50%</td><td colspan="3">100%</td><td>150%</td><td>100%</td></tr>
<tr><td></td><td>Option 2 [115]</td><td>20%</td><td colspan="2">50%</td><td colspan="2">100%</td><td>150%</td><td>50%</td></tr>
<tr><td></td><td>Kurzfristforderungen [116]</td><td colspan="3">20%</td><td colspan="2">50%</td><td>150%</td><td>20%</td></tr>
<tr><td colspan="2">Unternehmen</td><td>20%</td><td>50%</td><td colspan="2">100%</td><td colspan="2">150%</td><td>100%</td></tr>
<tr><td colspan="2">Asset Backed Securities</td><td>20%</td><td>50%</td><td>100%</td><td>350%</td><td colspan="3">Abzug vom haftenden Eigenkapital (entspricht 1.250% Unterlegung)</td></tr>
</table>

[114] Zur Notation: AAA = Schuldner mit erstklassiger Bonität, BBB = Schuldner mit mittlerer Bonität. Ab BB beginnen die Spekulationsklassen mit geringer Bonität.

[115] Option 1: Risikogewichtung auf Basis der Einstufung des Heimatlandes; Option 2: Risikogewichtung auf Basis der Einstufung der individuellen Bank.

[116] Forderungen mit Laufzeiten bis zu 3 Monaten gegenüber Banken.

Die Abbildung zeigt, dass die Risikodifferenzierung wesentlich komplexer ist als die einfache Unterscheidung in 4 Risikoklassen, wie sie bei Basel I vorgenommen wurde. Entscheidend ist nun, wie ein Staat, eine Bank oder ein Unternehmen von einer externen Rating-Agentur bewertet wird. Neu ist auch der zusätzliche Gewichtungssatz von 150% für Kreditnehmer mit schlechter Bonität.

Bei Forderungen gegenüber Banken beinhaltet das neue Regelwerk **zwei Optionen**. Die nationalen Aufsichtsinstanzen entscheiden darüber, welche Option für alle Banken in ihrem Aufsichtsbereich Anwendung findet. Forderungen an Banken **ohne externes Rating** können kein Risikogewicht erhalten, das niedriger als das Risikogewicht ihres Sitzlandes ist. Bei der **ersten Option** ist das Risikogewicht für alle Banken um eine Stufe höher als das ihres Sitzstaates. Bei einem Rating des Sitzstaates von BB+ bis B- und für Banken ohne Rating kann das Risikogewicht höchstens 100% betragen. Für die **zweite Option** ist das individuelle, externe Rating der Bank entscheidend.[117] Die deutsche Bankenaufsicht hat die erste Option gewählt.

Instrumente zur Reduzierung des Kreditrisikos, wie z.B. Sicherheiten, Garantien und Kreditderivate können bei der Risikobewertung nun weitaus umfangreicher anerkannt werden. Je feiner die jeweilig verwendete Bewertungsmethodik, desto mehr Sicherheitenkategorien sind für eine Bank anrechenbar. Auch die Berücksichtigungsfähigkeit von Kreditderivaten sowie von Verbriefungen ist nun detailliert in der SolvV geregelt. Mit wenigen Ausnahmen sind Verbriefungen mit 1.250% zu Unterlegen, also direkt von den Eigenmitteln abzuziehen. Aufgrund des mangelnden Schutzes, den diese Regelung für die Finanzmarktstabilität hatte, wird für die Zukunft mit noch weiterer Risikogewichts-Erhöhung gerechnet.

Die Höhe der Anrechnung einer Sicherheit kann nach mehreren Verfahren auf Grundlage des Marktrisikos der Sicherheiten erfolgen. Zum Beispiel sind grundpfandrechtlich besicherte Immobilienkredite nur noch mit 35% statt früher mit 50% (jeweils von 8%) zu unterlegen.

---

[117] Vgl. Baseler Ausschuss für Bankenaufsicht (2003a), Konsultationspapier, S. 11.

Ein Vergleich beim Standardansatz für die Eigenkapitalunterlegung **bei Unternehmen** zwischen Basel I und II zeigt die differenziertere Berechnung:

Beispiel: Kredit über 100 Million Euro an Unternehmen mit folgenden Ratings:

Rating	*Eigenkapitalunterlegung nach Basel II (KSA)*	*Eigenkapitalunterlegung nach Basel I*
a) AAA	*1.600.000 Euro*	*8.000.000 Euro*
b) A-	*4.000.000 Euro*	*8.000.000 Euro*
c) BB+	*8.000.000 Euro*	*8.000.000 Euro*
d) unter B-	*12.000.000 Euro*	*8.000.000 Euro*
e) unrated	*8.000.000 Euro*	*8.000.000 Euro*

Wie man der Tabelle entnehmen kann, führt Basel II also zu einer differenzierteren Risikogewichtung. Sie hängt bei der Standardmethode (KSA) wesentlich von der Entscheidung externer Rating-Agenturen ab.

6.3.1.1.2 IRB-Ansätze

Zunächst war für Basel II nur die Standardmethode mit externen Ratings vorgesehen. Nach heftigem Widerstand seitens der europäischen Verhandlungsführer wurde auch die Risikogewichtung durch bankinterne Ratings (IRBA[118]) mit aufgenommen. Maßgeblich zu dieser Entscheidung beigetragen hat die Tatsache, dass die meisten Banken schon lange Zeit über entsprechende Analyse-Methoden verfügen, um das Risiko ihrer Kreditengagements einzuschätzen.[119] Ein weiterer Vorteil der internen Methoden liegt darin, dass die meisten Unternehmen (insbesondere kleine und mittlere Unternehmen) nicht auf ein externes Rating angewiesen sind, welches mit zusätzlichen Kosten verbunden ist und sich in der Regel nur für Unternehmen ab einer gewissen Größe rechnet.

Während der Phase der Einführung der IRBA dürfen Kreditinstitute temporär auch parallel zu den IRBA den KSA nutzen („partial use"). Für einige Positionen gilt diese Dualität sogar dauerhaft.

---

118 IRBA: Internal Ratings Based Approach.

119 Vgl. Übelhör/Warns, Basel II – Auswirkungen auf die Finanzierung, 2004, S. 27 ff.

Die IRBA gliedern sich in drei Bereiche:[120]

1. Relevante Risikokomponenten;
2. Berechnung der risikogewichteten Aktiva;
3. Mindestanforderungen, die Banken erfüllen müssen, um die IRB-Ansätze nutzen zu können.

Die IRBA sollen den Banken nahelegen, differenzierte Risikomessverfahren zu entwickeln und stehen damit im Einklang mit dem Ziels der Bankenaufsicht, Kreditrisiken angemessen zu erfassen und nach ihren Ausfallwahrscheinlichkeiten mit Eigenkapital abzudecken. Da der technische und organisatorische Aufwand für die internen Verfahren hoch ist, werden die IRBA noch einmal unterteilt in einen Basisansatz und einen fortgeschrittene Ansatz, um möglichst vielen Banken die Anwendung der internen Verfahren zu ermöglichen.

In die Berechnung der Eigenkapitalunterlegung fließen vier quantitative Angaben hinein:[121]

Eigenkapitalunterlegung = EAD · Risikogewicht (= LGD · PD · M)

1. Die Kredithöhe zum Zeitpunkt des Ausfalls (exposure at default, **EAD**)
   = entspricht im Wesentlichen dem Kreditbetrag.
2. Die Ausfallquote (loss given default, **LGD**)
   = uneinbringlicher Anteil des Kredits, wenn dieser notleidend wird.
3. Die Ausfallwahrscheinlichkeit (probability of default, **PD**)
   = Wahrscheinlichkeit für Kreditausfall über einen bestimmten Zeitraum.
4. Die effektive Restlaufzeit (maturity, **M**) des Kredits.

---

[120] Vgl. Deutsche Bundesbank, Monatsbericht der Deutschen Bundesbank, April 2001, S. 24.

[121] Vgl. Baseler Ausschuss für Bankenaufsicht (2003b), Konsultationspapier – Überblick, S. 5 f.

Die beiden IRB-Ansätze unterscheiden sich vor allem hinsichtlich der Angaben, die seitens der Bank mit internen Schätzungen ermittelt werden und denen, die von den Aufsichtsbehörden festgelegt werden:

Datenangaben	Basisansatz	Fortgeschrittener Ansatz
Kredithöhe zum Zeitpunkt des Ausfalls (EAD)	Aufsichtliche Werte nach Vorgaben des Ausschusses	Von der Bank auf Basis interner Einschätzungen ermittelt
Ausfallquote (LGD)	Aufsichtliche Werte nach Vorgaben des Ausschusses	Von der Bank auf Basis interner Einschätzungen ermittelt
Ausfallwahrscheinlichkeit (PD)	Von der Bank auf Basis interner Einschätzungen ermittelt	Von der Bank auf Basis interner Einschätzungen ermittelt
Restlaufzeit (M)	Aufsichtliche Werte nach Vorgaben des Ausschusses *oder:* Nach nationalem Ermessen von der Bank auf Basis interner Einschätzungen ermittelt (wobei bestimmte Kredite ausgenommen werden können)	Von der Bank auf Basis interner Einschätzungen ermittelt (wobei bestimmte Kredite ausgenommen werden können)

Quelle: Baseler Ausschuss für Bankenaufsicht (2003b).

Bei den IRB-Ansätzen wird für die Berechnung der risikogewichteten Aktiva für Kredite an Staaten, Banken und Unternehmen gleich verfahren. Eine Unterscheidung wie beim Standardansatz erfolgt hier nicht.

Die Möglichkeit der Anrechnung von risikomindernden Sicherheiten bei den IRB-Ansätzen ist dahingehend geregelt, dass im Basisansatz die von den Aufsichtsbehörden für verschiedene Forderungsarten vorgegebenen LGD-Werte bereits verschiedene Arten von Sicherheiten berücksichtigen. Bei Anwendung des fortgeschrittenen IRB-Ansatzes sind die Banken noch flexibler. Sie können bei der Berechnung des LGD-Wertes Sicherheiten einfließen lassen.

6.3.1.1.3 Retail-Segment und Beteiligungen

Unter **Retail-Segment** sind standardisierte Kreditverträge zu verstehen, wie sie Banken üblicherweise mit Privatkunden und Gewerbetreibenden abschließen. Die Menge der Schuldner bewirkt eine Diversifikation des Kreditportfolios einer Bank und somit eine Reduzierung der Wahrscheinlichkeit des gleichzeitigen Ausfalls vieler Schuldner. Dieser Diversifikationseffekt erlaubt eine geringere Eigenkapitalunterlegung. Der Baseler Ausschuss hat die Möglichkeit geschaffen,

Kredite an kleine und mittlere Unternehmen (KMU) bis zu einer Höhe von 1 Mio. Euro dem aufsichtlichen Retail-Portfolio (Mengengeschäft) zuzuordnen. Voraussetzung ist jedoch, dass die Unternehmenskredite von der jeweiligen Bank auch als Retail-Kredit in einem gleichartigen Forderungspool behandelt werden („use-test"). Die Klassifizierung als Retail-Kredit ermöglicht im Standardansatz eine Reduzierung des Risikogewichts auf 75%. Die Reduzierung kann jedoch nur erfolgen, wenn das Granularitätskriterium berücksichtigt wird, d.h. die Bankenaufsicht muss von der angemessenen Diversifikation des Retail-Portfolios des entsprechenden Kreditinstituts überzeugt sein.

Bei Anwendung der IRB-Ansätze erfolgt die Ermittlung des Risikogewichts im Retail-Segment aufgrund bankinterner Schätzungen der Risikoparameter EAD, LGD und PD. Um die Eigenkapitalanforderung beim Übergang zwischen Retail- und Unternehmenssegment im Standardansatz nicht abrupt ansteigen zu lassen, werden für Unternehmen mit einem Umsatz bis 50 Mio. Euro Abschläge bei der Risikogewichtung gewährt. Die Entlastung soll mit steigender Unternehmensgröße abnehmen und durchschnittlich 10% betragen (maximal 20%).

Bei Unternehmen mit schlechter Bonität beziehungsweise ohne Zugang zum Kapitalmarkt rücken alternative Finanzierungsformen zum klassischen Bankkredit durch Basel II stärker in den Vordergrund. Eine Möglichkeit ist die Aufnahme von externem Eigenkapital als **Beteiligung**. Für die Bonitätsbeurteilung hat dies positive Auswirkungen, da eine Erhöhung der Eigenkapitalquote unter sonst gleichen Bedingungen ein besseres Rating bedeutet und die Finanzierungskosten für das Unternehmen reduzieren kann. Ein Problem ergibt sich durch Basel II dann, wenn der externe Eigenkapitalgeber ein Kreditinstitut ist und somit den neuen Eigenkapitalanforderungen unterliegt. Da Beteiligungskapital als primärer Risikoträger eine hohe Ausfallwahrscheinlichkeit mit sich bringt, hat sich der Baseler Ausschuss dazu entschieden, die Eigenkapitalunterlegung bei Bankbeteiligungen erheblich zu erhöhen. Die Konsequenz sind steigende Eigenkapitalkosten für Bankbeteiligungen.[122]

---

[122] Vgl. Winkeljohann/Diekel, Neue Anforderungen an die Finanzierungsstruktur, 2004, S. 85 ff. Ausnahmen sind für Beteiligungsfinanzierungen von nationalen Förderbanken (z.B. KfW) vorgesehen.

6.3.1.2 Operationelles Risiko

Unter operationellem Risiko versteht man die Gefahr von Verlusten, die in Folge der Unangemessenheit oder des Versagens von internen Verfahren, Angestellten und Systemen oder in Folge externer Ereignisse eintreten (z.B. Computerfehler, ungenügende Dokumentation oder Betrug). Die operationellen Risiken werden durch Basel II erstmals mit regulatorischem Eigenkapital unterlegt. Damit soll der zunehmenden Bedeutung operationeller Risiken im Bankensektor Rechnung getragen werden.

Obwohl das Vorhandensein operationeller Risiken den Kreditinstituten bekannt ist und bereits früher von der deutschen Bankenaufsicht ein Risikomanagement hierfür verlangt wurde (§25a KWG, Artikel 1 KonTraG), befindet sich die Entwicklung fortgeschrittener Risikomess- und Kontrollsysteme zur Handhabung operationeller Risiken noch immer in einer frühen Phase. Basel II gibt daher den Kreditinstituten einen Anreiz, den Aufbau und die Weiterentwicklung umfangreicher Risikomess- und Kontrollsysteme zu betreiben.[123]

Es gibt wiederum verschiedene Ansätze, das operationelle Risiko zu bewerten:

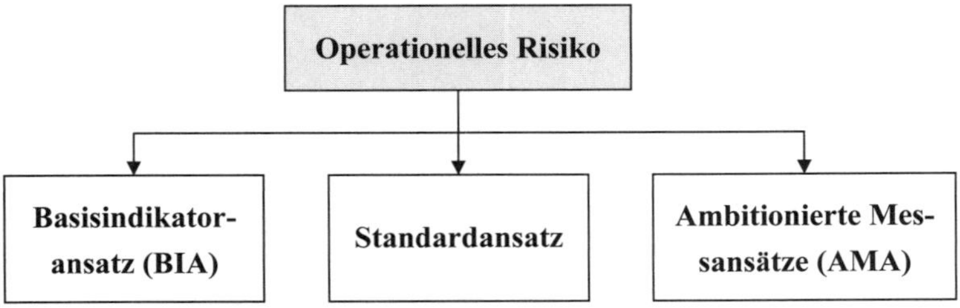

Basisindikatoransatz (BIA)

Beim BIA wird der durchschnittliche jährliche Bruttoertrag[124] des Kreditinstituts in den vorangegangenen drei Jahren als Messgröße herangezogen. Die Eigenkapitalunterlegung ergibt sich dann aus der Multiplikation dieser Durchschnittsgröße mit dem vom Baseler Ausschuss festgelegten Faktor von 15%.

---

123 Vgl. Meister, Operationelle Risiken, 2003, S. 285 f.

124 Der Bruttoertrag ergibt sich aus dem Zinsergebnis zuzüglich zinsunabhängiger Erträge.

Standardansatz

Dieser Ansatz beruht auf der Weiterentwicklung des BIA. Das Bankgeschäft wird in acht Geschäftsfelder eingeteilt. Für jedes dieser Geschäftsfelder wird ein Prozentsatz festgelegt, der dann mit dem jeweiligen Bruttoertrag des Geschäftsfelds multipliziert wird.

Ambitionierte Messansätze (AMA)

Die regulatorische Eigenkapitalanforderung ergibt sich hier aus der Risikokennzahl aus dem bankinternen Meßsystem. Zur Ermittlung der Risikokennzahlen können folgende Verfahren zur Anwendung kommen: interner Bemessungsgrundsatz, Verlustverteilungsansatz, Extremwerttheorie und verschiedene versicherungsmathematische Verfahren. Die Anwendung eines dieser Verfahren muss von der Bankenaufsicht genehmigt werden. Langfristiges Ziel ist eine generelle Verwendung der AMA seitens der Kreditinstitute.

Sowohl für die Verwendung des Standardansatzes als auch für die AMA werden an ein Kreditinstitut qualitative und quantitative Zusatzanforderungen gestellt. Grundsätzlich muss die oberste Leitungsebene unmittelbar in die Überwachung des Managementsystems involviert werden, ein konzeptionell solides Risikomanagementsystem muss bereits vorhanden sein und die Bank muss über ausreichende Ressourcen zur Umsetzung des Ansatzes verfügen.

6.3.1.3 Marktrisiko

Das Marktrisiko steht für die Unsicherheit der sektoralen und gesamtwirtschaftlichen Entwicklung eines Kreditmarktes. Die Bewertung des Marktrisikos bleibt durch Basel II weitgehend unverändert – die Regelungen des Grundsatzes I werden beibehalten. Eine wichtige Änderung besteht aber in der Einführung einer neuen Standardmethode, die neuere Finanzinstrumente wie zum Beispiel Wetterderivate erfassen kann.

6.3.2 Säule 2: Bankenaufsicht

Das bankenaufsichtliche Überprüfungsverfahren (Supervisory Review Process) wurde überarbeitet und ging als wesentlicher Bestandteil in das neue Regelwerk mit ein. Ziel ist eine stärker qualitativ ausgerichtete Bankenaufsicht im Hinblick auf eine Überprüfung der komplexer gewordenen Bewertungsverfahren für die Eigenkapitalunterlegung aus Säule 1. Es werden vier Bereiche umfasst:

1. **Interne Aufsicht:**
   Ständige Verbesserung der bankinternen Verfahren zur Risikoanalyse und zur angemessenen Kapitalausstattung. Weiterentwicklung des Risikomanagements und der internen Kontrollmechanismen.
2. **Externe Aufsicht:**
   Vor allem externe Faktoren, wie z.B. Einfluss von Konjunkturschwankungen, sollen berücksichtigt werden.
3. **Dialog zwischen Banken und Aufsichtsbehörden:**
   Der Dialog zwischen den Instanzen soll ausgeweitet werden, da die Kreditinstitute eine stärkere Eigenverantwortung bei der Bewertung, Steuerung und Überwachung von Risiken erhalten.
4. **Maßnahmen:**
   Die Bankenaufsicht kann jederzeit Maßnahmen (z.B. stärkere Überwachung der Bank oder Forderung einer höheren Risikobewertung) ergreifen, wenn sie es für erforderlich hält.

Weiterhin erhofft man sich durch einen flexibleren und offeneren Dialog zwischen Aufsichtsbehörden und den zu kontrollierenden Kreditinstituten ständige Fortschritte in der Entwicklung neuer und effizienterer Risikosteuerungsinstrumente. An engerer Kooperation zwischen den staatlichen Aufsichtsinstanzen und den unterstellten Kreditinstituten wird zur Einschränkung der internationalen wie nationalen Kriminalität gearbeitet. Zu nennen sind hier die Bekämpfung der Geldwäsche und der Terrorismusfinanzierung. Größere Sorgfalt bei der Feststellung der Kundenidentität, verstärkte Kontrollen der Finanzierung von sicherheitssensiblen Im- und Exportprojekten sowie systemgestützte weltweite Kapitalstromkontrollen stellen zentrale Punkte dar.

Die qualitative Bankenaufsicht soll durch Basel II stärker in einem internationalen Kontext gesehen werden, um die Wettbewerbsbedingungen für Banken aus unterschiedlichen Ländern zu harmonisieren.

Mit den Kompetenzen aus den Bestimmungen der 2. Säule ist die Bankenaufsicht zudem in der Lage, flexibel auf veränderte Rahmenbedingungen zu reagieren. Sollten z.B. die Mindesteigenkapitalanforderungen zu gering ausfallen, könnten entsprechende Zuschläge gefordert werden. Andererseits wäre auch denkbar, dass im Falle einer Rezession die Regelungen gemildert würden, um eine prozyklische (konjunkturverstärkende) Wirkung abzumildern. Diese beiden Möglichkeiten bergen aber die Gefahr, dass die Regelungen aus der ersten Säule seitens der nationalen Bankenaufsichtsbehörden aufgeweicht werden könnten.

6.3.3 Säule 3: Marktdisziplin

Die Forderung nach einer stärkeren Markttransparenz rundet das Drei-Säulen-Konzept ab. Die erweiterten Offenlegungspflichten, die den Kreditinstituten auferlegt werden, sind Voraussetzung für die Anerkennung bestimmter Verfahren und schaffen Vertrauen für die Marktteilnehmer. Grundsätzlich wird die Meinung vertreten, dass gut informierte Marktteilnehmer automatisch eine risikobewusste Bank mit einem hochwertigen Risikomanagement vorziehen.

Dem Interessenskonflikt zwischen möglichst großer Transparenz und dem Schutz vertraulicher Informationen soll durch ein flexibles Konzept entgegengewirkt werden, in dem Umfang und Häufigkeit der Offenlegung dem Grundsatz der Wesentlichkeit entsprechen. Die Offenlegung umfasst vier Bereiche:

1. Anwendung der Eigenkapitalvorschriften;
2. Eigenkapitalstruktur;
3. Risiken (Kredit-, Markt-, operationelles u. Zinsänderungsrisiko);
4. Angemessenheit der Eigenkapitalausstattung.

6.4 Rating von Unternehmen

Während nahezu jede Bank für die Kreditvergabe ein internes Rating aufstellt, sind externe Ratings in Deutschland bisher weniger verbreitet. Dies liegt vor allem daran, dass hierzulande bis zu einer gewissen Firmengröße Investitionen traditionell komplett über den klassischen Bankkredit oder Selbstfinanzierung getätigt werden. Die Ursachen für die hohe Bedeutung des Kredites in der deutschen Firmenlandschaft sind in verschiedenen Rahmenbedingungen begründet:

- Begünstigendes Steuerrecht;
- Häufig vertretene Rechtsform der Personengesellschaft;
- Risiken sind in den Kreditkonditionen nicht genügend berücksichtigt und erschweren Vergleiche mit alternativen Finanzierungsmöglichkeiten.

6.4.1 Was analysiert ein Rating?

Zunächst ist das Rating in erster Linie ein Instrument zur Information von Investoren. Eine hohe Transparenz der Unternehmensentscheidungen ist für die Mittelbeschaffung am Kapitalmarkt notwendig. Nicht nur die Gläubiger möchten die Zahlungsfähigkeit des Unternehmens einschätzen können, sondern auch die Emissionsbanken haben aufgrund der Prospekthaftung hohe Ansprüche an die Transparenz. Und nicht zuletzt bestehen für das sich finanzierende Unternehmen gesetzliche Bestimmungen (z.B. Ad-hoc-Meldungen, Publizitätspflichten).

Ratings stellen sozusagen eine Schnittstelle zwischen den Gläubigern und dem Unternehmen dar. Sie prüfen vor allem die Fähigkeit, Zahlungsverpflichtungen nachzukommen. In diese Analyse fließen verschiedene Faktoren mit ein:

Quantitative Faktoren:	**Qualitative Faktoren:**
▪ Finanzkennzahlen	▪ Qualitäten des Managements
▪ Branchenvergleiche	▪ Geschäftsstrategie
▪ Ertragskraft	▪ Wettbewerbsposition
▪ Cash-Flow	▪ Innovationsfähigkeit
▪ Kapitalstruktur	▪ Marketing
▪ Erreichung der Planzahlen	▪ Effizienz/Kostenkontrolle
▪ Gesamtwirtschaftliche Größen	▪ Produktpipeline [125]

[125] Darunter versteht man die Produktpalette (= Produkte auf dem Markt und in Vorbereitung).

6.4.2 Der Ratingprozess

Die genauen Einzelheiten des Bewertungsverfahrens der Rating-Agenturen gehören zwar zum Geschäftsgeheimnis, doch sind die wesentlichen Kriterien der Beurteilung objektiviert. Es werden **quantitative** und **qualitative** Faktoren unterschieden. Die quantitative Beurteilung wird in der Regel anhand der letzten drei Jahresabschlüsse der Wirtschaftsprüfer vorgenommen. Die qualitative Beurteilung analysiert die Erfolgs- und Risikofaktoren in den Bereichen Finanzen, Produkte, Markt und Management.

Der Ratingprozess

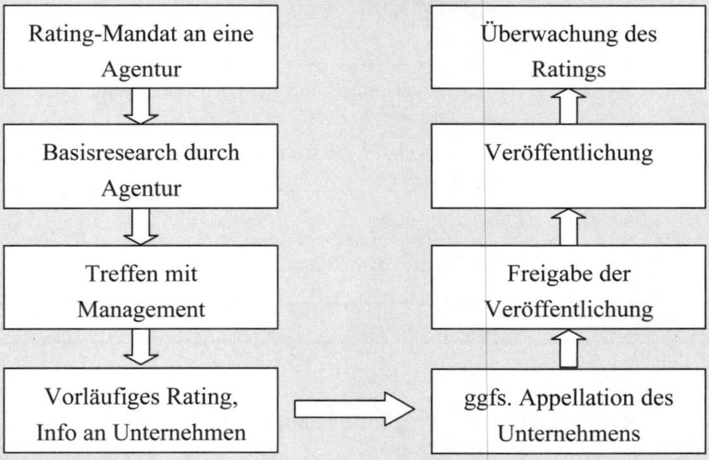

(Quelle: DBResearch)

Anschließend wird ein vorläufiges Rating erteilt, das dem Unternehmen mitgeteilt wird. Die Unternehmensführung kann wiederum versuchen, weitere positive Informationen darzulegen, um das Rating zu verbessern. Nach der Freigabe durch das Unternehmen kann das Rating veröffentlicht werden.

Verändert sich die Risikolage des Unternehmens, so wird es zunächst auf eine „Watchlist“ gesetzt und ggfs. herauf- oder herabgesetzt („up-grading“ bzw. „down-grading“). Die folgende Tabelle soll die Einstufungen der beiden größten Rating-Agenturen „Standard & Poor´s“ und „Moody´s“ verdeutlichen:

Ratingsysteme		
Moody´s	**Standard & Poor´s**	**Bonitätsbeurteilung**
Investmentklassen		
Aaa	AAA	Beste Qualität, geringstes Ausfallrisiko, außergewöhnlich gute Bonität
Aa2	AA	Hohe Qualität, sehr gute Bonität, aber etwas größeres Risiko als die Spitzengruppe
A2	A	Gute Bonität, aber etwas anfälliger für negative Auswirkungen aufgrund von Veränderungen im Umfeld
Baa2	BBB	Mittlere Qualität, aber mangelnder Schutz gegen die Einflüsse sich verändernder Wirtschaftsentwicklungen
Spekulationsklassen		
Ba2	BB	Spekulative Anlage, nur mäßige Deckung für Zins- und Tilgungsleistung
B2	B	Sehr spekulativ, geringe Bonität, hohes Risiko eines Zahlungsausfalls
Caa Ca C	CCC CC C	Niedrigste Qualität, geringster Anlegerschutz, in Zahlungsverzug oder in direkter Gefahr des Verzugs
(Quelle: DBResearch)		

Die Skala reicht von AAA (hervorragende Bonität) bis D (zahlungsunfähige Unternehmen). Innerhalb der Klassen wird nochmals mit +/- (Standard & Poor´s) bzw. Zahlen (Moody´s) differenziert. Der Grenze zwischen BBB und BB kommt eine besondere Bedeutung zu. Unternehmen mit BBB sind gerade noch in der Investmentklasse, die als Bereich von AAA bis BBB definiert wird. Für Institutionelle Anleger, die aufgrund von Vorschriften nur in dieser Klasse investieren dürfen, also eine wichtige Grenzmarke.

6.4.3 Vor- und Nachteile eines Ratings

Nicht für jedes Unternehmen ist ein externes Rating sinnvoll. So ist es für kleine Unternehmen fraglich, ob die Kosten durch Einsparungen bei einem guten Rating gedeckt werden.[126] Kapitalmarktfähige Unternehmen können jedoch in erheblichem Maße profitieren:

Vorteile:

- Ein gutes Rating kann die Finanzierungskosten reduzieren. Es gilt: je höher das Risiko desto mehr muss ein Unternehmen seinen Gläubigern zahlen.[127]
- Ein Rating ist häufig Voraussetzung für Investitionen institutioneller Anleger.
- Bessere Verhandlungsposition des Unternehmens gegenüber Anlegern, Lieferanten und Kunden.
- Erhöhung des Bekanntheitsgrades.
- Rating stellt ein Stärken/Schwächen-Profil auf, so dass das Unternehmen Verbesserungspotentiale erkennen kann.

Nachteile:

- Die Kosten eines Ratings und der verstärkten Informations- und Publizitätspflicht müssen erwirtschaftet werden.
- Schlechte Beurteilung verteuert die Finanzierung.
- Das Management wird stärker gefordert, indem es durch ein Rating geprüft wird und das Unternehmen stärker öffentlichkeitswirksam ausrichten muss.
- Bei vielen Unternehmen wird eine Änderung der Rechtsform erforderlich (da nur Kapitalgesellschaften am Kapitalmarkt partizipieren können).

---

126 In einem Arbeitspapier der Kreditanstalt für Wiederaufbau (KfW) wurde in einer Beispielrechnung festgestellt, dass bei jährlichen Ratingkosten von 7.500 Euro (10.000 Euro) eine Umsatzgrenze von ca. 9 Millionen Euro (12 Millionen Euro) erforderlich ist, damit sich ein Rating rechnet. In diesen Kreis fallen in Deutschland ca. 9.000 Unternehmen (Quelle: KfW-Beiträge zur Mittelstands- und Strukturpolitik, Ratings, Basel II und die Finanzierungskosten von KMU, 2001).

127 Dieses Prinzip kann man gut am Anleihenmarkt beobachten. Die Renditen beispielsweise vonrussischen Staatsanleihen (hohes Risiko durch Währungsabwertung und schlechte Bonität) sind wesentlich höher als von deutschen Staatspapieren (geringes Risiko durch ausgezeichnete Bonität und kein Währungsrisiko). Erfährt ein Land oder Unternehmen ein „Down-grade“ (Herabstufung), so steigen die Renditen, da die Gläubiger mehr Geld für ihr höheres Risiko fordern (bzw. bei bereits bestehenden Anleihen sinkt der Kurs).

6.5 Auswirkungen auf die Unternehmensfinanzierung

Die neuen Richtlinien nach Basel II stellen eine Herausforderung sowohl für die Kreditinstitute als auch für die Unternehmen dar. Bisher lässt sich noch nicht verlässlich abschätzen, ob und wie Basel II zu einer Verteuerung der Kreditkonditionen führt. Man kann aber sagen, dass eine generelle Verteuerung der Kreditkonditionen – wie in der öffentlichen Diskussion befürchtet wurde – nicht festzustellen ist (zumindest nicht aufgrund von Basel II). Es ist jedoch klar, dass das (externe oder interne) Rating zu einer stärkeren Risikodiversifizierung und damit zu einer Spreizung der Kreditkonditionen führt.

Das externe Rating wird auf jeden Fall an Bedeutung gewinnen, wobei die meisten Unternehmen sich voraussichtlich auf das bankinterne Rating – wie bisher bereits üblich – stützen werden. Für Großbanken wird sich eher wenig ändern, da sie über hoch entwickelte interne Rating-Systeme verfügen. Auf kleine und mittlere Banken, die noch nicht über entsprechende Instrumentarien verfügen, kommen jedoch erhebliche Belastungen zu. Die Auswirkungen auf die Unternehmen sind gravierender. Sie müssen prüfen, ob die Teilnahme am Kapitalmarkt (z.B. Ausgabe von Aktien oder Begebung von Anleihen) nicht eine sinnvolle Ergänzung zum Finanzierungsmix darstellen kann. Die Partizipation am Kapitalmarkt – sofern aufgrund der Größe wirtschaftlich sinnvoll – würde dabei für viele Unternehmen mit einer Änderung der Gläubigerstruktur (und eventuell auch der Rechtsform) einhergehen.

Unabhängig davon werden die Transparenz und die interne und externe Firmenkommunikation erheblichen Einfluss auf die Risikobewertung eines Unternehmens nehmen. Je besser das Unternehmen sich gegenüber dem Kreditinstitut oder einer Rating-Agentur darstellen kann, desto höher sind die Chancen auf eine bessere Risikobewertung. Nachteile haben hier vor allem KMU, da sie sich im Hinblick auf qualitative und quantitative Bewertungskriterien nicht so diversifiziert aufstellen können wie größere Unternehmen und daher in der Risikobewertung schlechter dastehen. Allerdings wird dieser Effekt durch die angesprochene Retail- und Mittelstandskomponente abgeschwächt. Letztendlich bietet der stärkere Einfluss von Ratings aber auch die Chance, durch eine transparentere Unternehmensführung betriebsinterne Schwächen aufzudecken und mit deren Beseitigung zu einem besseren Rating beizutragen.

7 Aufgaben

Die in diesem Kapitel enthaltenen Aufgaben sollen zur Stoffvertiefung und Vorbereitung auf Klausuren dienen. Es ist jedoch zu beachten, dass die folgenden Aufgaben als alleinige Klausurvorbereitung nicht ausreichen.

7.1 Einführung in die Finanzierungstheorie

A Finanzierungsarten

Welche verschiedenen Finanzierungsformen stehen der Unternehmung grundsätzlich zur Kapitalbeschaffung zur Verfügung?

7.2 Zinsrechnung

A Zinsbetrag (Z)

Geldanlage: 25.000 Euro, Laufzeit ½ Jahr, Zinssatz 6,5% p.a. Berechnen Sie den Zinsbetrag!

B Kapital (K)

Die Schneider-Wibbel-KG hatte für 1 Monat einen Kredit aufgenommen und möchte nach erfolgter Zinsbelastung überprüfen, ob ihre Hausbank den zu zahlenden Zinsbetrag auf den korrekten Kreditbetrag berechnet hat. Der Unternehmung wurden Zinsen in Höhe von 2.093,75 Euro belastet. Der Zinssatz lag bei 5,025% p.a.

Überprüfen Sie, welchen Kreditbetrag die Bank für Ihre Zinsbetragsberechnung zugrunde gelegt hat!

C Anlagedauer (t)

Ein Anleger findet auf einem alten Kontoauszug eine Zinsgutschrift in Höhe von Euro 100 aus einem Termingeld. Leider kann er nur noch lesen, dass der Anlagebetrag 30.000 Euro betragen hat.

Wie lange lief dieses Termingeld, wenn der Zinssatz bei 2% p.a. lag?

D Zinssatz (p)

Die Robert-Busch GmbH hat unter Liquiditätsgesichtspunkten die Möglichkeit, 3,5 Millionen Euro für einen Tag anzulegen (so genannte Übernacht-Anlage). Die Unternehmensberatung hat festgestellt, dass jede Geldanlage mit betriebsinternen und betriebsexternen Prozesskosten (Kosten für Buchhaltung, Controlling, Bankgebühren etc.) von insgesamt 250 Euro zu Buche schlägt.

Ab welchem Zinssatz lohnt sich also diese Anlage für den Konzern?

E Aufzinsung (K_n)

Eine Geldanlage über 10.000 Euro soll über 12 Jahre laufen, die jährlichen Zinsen sollen nicht ausgeschüttet sondern nach ihrem Anfall bis zum Ende der Laufzeit mitverzinst werden. Der Zinssatz liegt bei 7% p.a.

Welchen Betrag wird der Anleger nach 12 Jahren ausgezahlt bekommen?

F Abzinsung (K_0)

Welchen Betrag hatte ein Sparkassen-Kunde angelegt, wenn er aus einem aufgezinsten Sparbrief (3,4% p.a.) nach der Laufzeit von 6 Jahren 2.688,72 Euro zurückgezahlt bekommen hat?

G Zinssatz (i)

Welchen Zinssatz p.a. bietet eine thesaurierende, festverzinste, dreijährige Anlage von 100.000 Euro, aus der nach Fälligkeit 124.316,38 Euro zurückgezahlt werden sollen?

H Zinssatz (i)

Ralf-C. Brauer hat gehört, dass man in sechs Jahren sein Kapital verdoppeln kann, wenn man es fest anlegt. Er fragt sich nun, ob das wohl ein seriöses Angebot sein kann und errechnet den Zinssatz, der ihm eine Verdopplung seines Kapitals bescheren würde.

I Laufzeit in Jahren (n)

Aus 99.000 Euro wurden ohne jährliche Zinsausschüttungen bei einem Zinssatz von 10% p.a. im Laufe der Zeit 1.072.635,89 Euro. Wie lange war das Geld angelegt?

J Durchschnittliche Verzinsung (Kredit festverzinslich)

Mit welchem durchschnittlichen Zinssatz p.a. ist ein Kredit über 14.000 Euro mit 3 Jahren Laufzeit ausgestattet, dessen Nominalzins bei 9% p.a. liegt und die Abschlussgebühr 1% der Kreditsumme beträgt?

K Durchschnittliche Verzinsung (Anlage festverzinslich)

Eine Bank empfiehlt Ihnen 2 verschiedene Anleihen zum Kauf. Diese sind mit unterschiedlichen Merkmalen ausgestattet. Beide sind mit einem festen Zinssatz und einer Restlaufzeit von 4 Jahren ausgestattet.

Folgende Daten stellt die Bank als Entscheidungsgrundlage zur Verfügung:

	Anleihe A	Anleihe B
Fester Nominal- Zinssatz p.a.	5,10%	4,85%
Auszahlungskurs (Kaufkurs)	100%	96%
Rückzahlungskurs	100%	100%
Gebühr Kauforder (einmalig)	1%, aber maximal 250 Euro	0,75%

Entscheiden Sie anhand der durchschnittlichen Zinssätze, welche Anleihe bei einem Anlagebetrag von 50.000 Euro zu wählen ist!

L Durchschnittliche Verzinsung (Anlage nichtfeste Verzinsung)

Sie hielten für 4 Jahre 100 auf den Inhaber lautende Aktien ohne Nennwert der Karl-Heinz-AG und möchten nach Verkauf der Papiere Ihre durchschnittliche Rendite errechnen. Die Aktien wurden zu einem Kurs von damals DM 45,65 erworben und zu 29,10 Euro verkauft. Die Gebühren bei Kauf betrugen 1,25% auf den Kaufbetrag. Sie erhielten in den 4 Jahren aus Dividendenausschüttungen pro Aktie insgesamt 3,27 Euro. Zusätzlich haben Sie aus Bezugsrechtsverkäufen 1,10 Euro pro Aktie verbuchen können.

Errechnen Sie durchschnittliche jährliche Verzinsung!

(Anmerkung: Amtlicher Kurs 1 Euro = 1,95583 DM)

M Effektive Verzinsung (Anlage mit variabler Verzinsung)

Die Schröders hielten genau 2 Jahre lang 20 Aktien eines berühmten Autoherstellers. Sie kauften zu einem Kurs von 32 Euro mit Limit und verkauften die Papiere zu 34,30 Euro. Die Orderkosten betrugen für den Kauf 15 Euro und für den Verkauf 16,12 Euro. Die Depotführung kostete jährlich 8,10 Euro. Im ersten Jahr betrug die Bardividende 90 Cent im zweiten Jahr 1,05 Euro pro Aktie.

Welche effektive Verzinsung bot dieses Investment den Schröders?

N Effektive Verzinsung (Finanzierung mit variablen Kosten/Verzinsung)

Die Banone AG bestreitet einen Teil ihrer Fremdfinanzierung durch die Emission von Floating Rate Notes[128] (variabel verzinsliche Anleihen). Die tatsächlich entstandenen Finanzierungskosten lassen sich dabei erst nach Fälligkeit/Tilgung der Anleihe bestimmen, da die variable Verzinsung eine konkrete Voraussage unmöglich macht.

Die Finanzbuchhaltung stellt dem Controlling folgende Daten zur Verfügung:

Nominalbetrag der Anleihe:	150.000.000 Euro
Laufzeit (n):	5 Jahre
Zinsfestschreibungsperiode:	jeweils 12 Monate

Periode/Jahr	**1**	**2**	**3**	**4**	**5**
Zinssatz % p.a.	**3,90**	**3,83**	**3,60**	**4,01**	**4,03**

Der Zinssatz berechnet sich selbstverständlich auf den Nominalbetrag (100%)

Auszahlungskurs:	102,45%
Rückzahlungskurs:	100%
Emissionskosten einmalig:	0,9%
Laufende Kosten/Bankprovisionen	0,35% (jährlich)

Geben Sie die effektiven Finanzierungskosten in Prozent pro Jahr an. Erstellen Sie hierzu eine Übersicht über die Zahlungsströme in den einzelnen Jahren.

---

128 Siehe hierzu Kapitel 4.3.4.3.2 „Grundformen der Anleihe“.

7.3 Innenfinanzierung

A Selbstfinanzierung

Warum ist Selbstfinanzierung für ein Unternehmen unverzichtbar?

B Cash-Flow (1)

Der Cash-Flow wird heutzutage als Selbstfinanzierungsindikator herangezogen. Erläutern Sie,

a) welcher Gedanke hinter der Cash-Flow-Analyse steckt,

b) welche Auswirkungen eine Verringerung des jährlichen einzahlungswirksamen Ertrages auf den Cash-Flow hätte, wenn sie

- ausschließlich durch Preisverfall oder
- ausschließlich durch Absatzmengenrückgang begründet ist und

c) warum die Aussagekraft des Cash-Flow begrenzt ist?

C Cash-Flow (2)

a) Als kaufmännischer Leiter der „Sorgenlos AG“ sollen Sie den Cash-Flow des Unternehmens errechnen!

Folgende Daten liegen Ihnen vor:

Im vergangenen Jahr konnten 20.000 Stück des einzig hergestellten Produktes zu einem Preis von 100 Euro abgesetzt werden. Es fielen zudem noch sonstige Erträge in Höhe von 250.000 Euro an, von denen 50.000 Euro dem laufenden Geschäftsjahr zuzurechnen sind. Bei den Aufwendungen hatte das Unternehmen variable Kosten in Höhe von 70 Euro pro Stück. Für Verwaltung und Vertrieb mussten 770.000 Euro aufgewendet werden. Das Unternehmen hatte im vergangenen Jahr periodenfremde Aufwendungen in Höhe von 54.000 Euro.

b) Der Vorstandsvorsitzende möchte eine Investition tätigen, für die jeden Monat 10.000 Euro für den Schuldendienst (Zinsen und Tilgung) benötigt werden. Soll die Investition durchgeführt werden? Berücksichtigen Sie bei Ihren Überlegungen, dass die neue Investition der Ausweitung des Produktsortiments dienen soll!

D Stille Reserven

Erläutern Sie den Finanzierungseffekt, der durch die Bildung stiller Rücklagen entsteht sowie drei Möglichkeiten, stille Rücklagen zu bilden! Nennen Sie jeweils einen Vor- und Nachteil von stillen Reserven!

E Abschreibungen

Ein Betrieb beschafft im Zeitpunkt t_0 zwei funktionsgleiche Maschinen. Jede Maschine kostet 20.000 Euro. Die Nutzungsdauer beträgt 4 Jahre bei linearer Abschreibung.

a) Nach wie vielen Jahren kann aus den Abschreibungsbeträgen eine neue Maschine angeschafft werden?

b) Nennen Sie drei Prämissen, die für diesen Effekt vorausgesetzt werden müssen!

F Rückstellungen

Erläutern Sie den Finanzierungseffekt, der durch Bildung und Auflösung von Rückstellungen entsteht! Warum sind die Pensionsrückstellungen in diesem Zusammenhang von besonderer Bedeutung?

G Rationalisierungsmaßnahmen

Ein Unternehmen möchte seine Arbeitsabläufe verbessern, um Kosten einzusparen. Definieren Sie den Begriff Rationalisierungsmaßnahmen und erläutern Sie drei Möglichkeiten für das Unternehmen, durch Rationalisierungsmaßnahmen zu profitieren!

7.4 Außenfinanzierung

A Einteilung Außenfinanzierung

Kennzeichnen Sie kurz und prägnant die wesentliche Unterteilung der Außenfinanzierung hinsichtlich der rechtlichen Stellung der Kapitalgeber.

B Beteiligungsfinanzierung

Charakterisieren Sie die so genannte Beteiligungsfinanzierung. Wie lässt sie sich weiter unterscheiden?

C Eigenkapital/Fremdkapital

Man sagt, Eigenkapital sei teurer als Fremdkapital. Welche Gründe für diesen Sachverhalt kennen Sie? Nennen und erläutern Sie kurz 2 mögliche Gründe.

D Kapitalerhöhung/Bezugsrecht

Eine Aktiengesellschaft erhöht ihr gezeichnetes Kapital von 100 Millionen Euro auf 140 Millionen Euro. Der alte Kurs pro Aktie im Nennwert von 5 Euro liegt bei 135 Euro. Die neuen Aktien im selben Nennwert werden zu 100 Euro ausgegeben.

a) Wie hoch ist der Kapitalzufluss in die Aktiengesellschaft und welche Bilanzpositionen des Eigenkapitals werden um welche Beträge erhöht?

b) Geben Sie das Bezugsverhältnis und den rechnerischen Wert des Bezugsrechts an.

c) Errechnen Sie den Mischkurs. Wie aussagekräftig ist Ihr Ergebnis Ihrer Meinung nach?

d) Der Aktionär Hr. Unentschlossen hält vor der Kapitalerhöhung 50 Aktien. Welches sind seine Handlungsalternativen bezüglich einer Ausübung der Bezugsrechte und wie wirken sich diese für ihn unter finanziellen Gesichtspunkten aus? Eventuell zu leistende Zuzahlungen könnte er mit Hilfe von Mitteln bestreiten, die ihm sein Freund Hr. Ratlos zinslos leihen würde.

E Kapitalerhöhung aus Gesellschaftsmitteln

Die Hauptversammlung der Häkel AG hat über einen Vorschlag des Vorstands zu beraten, wonach das Grundkapital aus Gesellschaftsmitteln von 10 Mio. Euro auf 15 Mio. Euro erhöht werden soll.

a) Welche Art der Aktien müssen bei dieser Form der Kapitalerhöhung ausgegeben werden?

b) Um welchen Betrag erhöht sich das Eigenkapital der AG?

c) Woher stammt das Kapital, das nun in das Grundkapital eingestellt werden soll?

d) Ändern sich die Besitzverhältnisse an der Aktiengesellschaft?

e) Nennen Sie eine mögliche Intention des Vorstands, die diesen zu seinem Vorschlag an die Hauptversammlung bewogen haben könnte.

F Lieferantenkredit (1)

Der Einkäufer der Robert-Busch GmbH hat folgende Daten einer Rechnung zum Einkauf von Ersatzteilen vorliegen:

„Netto-Rechnungsbetrag 75.000 Euro,

Bitte zahlen Sie innerhalb von 5 Tagen unter Erhalt eines Skontos in Höhe von 1,5% oder rein netto innerhalb von 40 Tagen nach Rechnungseingang."

Die Robert-Busch GmbH hat die Möglichkeit, bei Banken Liquidität zu einem Satz von 8,8% p.a. in ausreichender Höhe aufzunehmen. Beraten Sie den Einkäufer, wie er entscheiden soll.

G Lieferantenkredit (2)

Der Buchhalter der ABC GmbH & Co. OHG stellt nachträglich fest, dass es für die Gesellschaft um 833,33 Euro günstiger gewesen wäre, den angebotenen Lieferantenkredit anstelle des Kontokorrentkredites in Anspruch zu nehmen.

Die Gesellschaft hat also den Skontoabzug genutzt und musste entsprechend früher die Rechnung begleichen. Diesen Liquiditätsbedarf deckte sie mit Hilfe eines Kontokorrentkredits. Der Nettorechnungsbetrag belief sich auf 600.000 Euro; der durch Zahlung innerhalb von 15 Tagen ausgenutzte Skontosatz betrug 0,75%. Den Zinssatz des Lieferantenkredits, d.h. die Kosten für den Verzicht auf den Skontoabzug, beziffert der Buchhalter auf 10,88161% p.a.

a) Auf welchen Betrag belief sich der Skontoabzug?

b) Wie lange war das Zahlungsziel? (Nach wie vielen Tagen hätte spätestens rein netto Kasse bezahlt werden müssen?)

c) Welchen Zinsbetrag (Z) musste die Unternehmung für die Inanspruchnahme des Kontokorrentkredits aufbringen?

d) Welchen Zinssatz p.a. (p) hat die Hausbank berechnet?

H Factoring

Nennen und charakterisieren Sie die drei Funktionen, die der Factor (Forderungsankäufer) für den Factoringnehmer übernehmen kann.

I Darlehen

Der Kunde Krüger der Völkerbank in Heidelberg e.G. informiert sich bei Ihnen als Kundenberater über verschiedene Möglichkeiten, sein neues Sportflugzeug zu finanzieren. Der Finanzbedarf liegt bei 250.000 Euro. In fünf Jahren möchte er seinen Kredit abbezahlt haben. Am liebsten wären ihm gleichmäßig hohe jährliche Ratenzahlungen.

a) Zu welcher Form des langfristigen Bankdarlehens raten Sie ihm?

b) Wie hoch wird seine jährliche Rate sein, wenn Ihre Bank für solche Kredite einen Zinssatz von 9% p.a. verlangt? Stellen Sie den vollständigen Tilgungsplan auf.

c) Der Kunde ist Angestellter der Eurocopter AG. Welche Formen der Kreditbesicherung (3 Möglichkeiten) schlagen Sie vor?

d) Stehen den von Ihnen genannten Sicherungsvarianten eventuell Argumente entgegen? Welche Unterlagen prüfen Sie zur Ausräumung dieser Unsicherheit konkret?

e) Warum eignet sich die Verpfändung des Flugzeugs auf keinen Fall zur Besicherung des Kredits?

J Optionen/Break-even-price

Der Käufer einer Put-Option („long Put") hat für seine Option eine Prämie in Höhe von 3,50 Euro gezahlt. Der Basispreis liegt bei 55,50 Euro. Das Optionsverhältnis ist 1/3 (1 zu 3).

a) Errechnen Sie den Break-even-Preis.

b) Geben Sie den maximalen Verlust des Optionskäufers an und benennen Sie den Aktienkurs, ab welchem dieser maximale Verlust eintritt.

c) Fertigen Sie eine Skizze an und tragen Sie die in den Teilaufgaben a) und

b) ermittelten 3 Zahlenwerte ein.

d) Welchen maximalen Verlust kann der Verkäufer der Option (Stillhalter) machen? Bei welchem Aktienkurs tritt der Maximalverlust ein.

7.5 Finanzplanung

A Kennzahlen

Errechnen und analysieren Sie aus nachfolgenden Daten

a) den Verschuldungsgrad,

b) den Eigenkapitalanteil,

c) die Liquidität 1. Grades, wenn Sie davon ausgehen, dass 70.000 Euro des Fremdkapitals kurzfristig sind und auf dem Bankkonto 50.000 Euro Guthaben vorhanden ist,

d) die Anlagequote,

e) die goldene Bankregel,

f) die vertikale Finanzierungsregel.

Aktiva	Bilanz (in Euro)		Passiva
Grundstücke	570.000	Eigenkapital	500.000
Gebäude	650.000	Fremdkapital	1.000.000
Maschinen	120.000		
Warenvorräte	50.000		
Forderungen	75.000		
Kassenbestand	35.000		

B Begriffe/Finanzierungsregeln

Unterscheiden Sie die Begriffe Liquidität und Rentabilität! Welche Maßnahmen können zur Verbesserung der Liquidität beitragen?

C Kapitalbedarf

Erläutern Sie, wie ein Kapitalbedarf entstehen kann! Welche drei Möglichkeiten kennen Sie, die ein Unternehmen gegen eine Kapitalunterdeckung ergreifen kann?

D Optimale Kapitalstruktur

Beschreiben Sie den Leverage-Effekt und erläutern Sie drei Risiken, die mit der bestmöglichen Ausnutzung des Leverage-Effekts auftreten können!

E Eigenkapital-Rentabilität

Die Freunde A, B und C betreiben zusammen die ABC-AG und wollen die Rentabilität ihres Netto-Vermögens (=EK) maximieren. Derzeit haben sie ihr Kapital ausschließlich in der AG mit einer Bilanzsumme von 210 Millionen Euro und einem Eigenkapital von 70 Millionen Euro investiert.

Die Rendite des investierten Gesamtkapitals im abgelaufenen Geschäftsjahr betrug 14%, das Fremdkapital war (und ist weiterhin) mit 8% p.a. zu verzinsen.

a) Wie hoch sind Gewinn und Eigenkapitalrentabilität im abgelaufenen Geschäftsjahr gewesen?

b) Die Freunde erwägen, zwecks weiteren Wachstums der ABC-AG, den gesamten erzielten Gewinn zum Kauf des Unternehmens D-AG zu verwenden. Die D-AG hat keine Verbindlichkeiten, erwirtschaftet einen Gewinn von 5,096 Millionen Euro und soll 36,4 Millionen Euro kosten. Erforderliches Fremdkapital stellt die Hausbank in ausreichender Höhe zu 8% p.a. zur Verfügung.

Freund A ist dafür und erklärt, dass aufgrund der Gesamtkapitalrentabilität beider Unternehmen und des konstanten Zinses für Fremdkapital die Eigenkapitalrentabilität für die Freunde unverändert bleibe.

C glaubt ihm nicht. Er schlägt vor, nur einen Teil des Gewinns zum Unternehmenserwerb zu verwenden, weil nur so die Rentabilität des in den beiden Unternehmen investierten Eigenkapitals den bisher erzielten Satz erreiche.

Welcher Auffassung stimmen Sie zu? (Begründung!)

F Modigliani/Miller-Modell

a) Erläutern Sie die von Modigliani/Miller aufgestellten Thesen für die Kapitalkostenverläufe und die daraus folgende Konsequenz bezüglich der optimalen Verschuldung!

b) Beschreiben Sie vier Prämissen des Modigliani/Miller-Modells! Warum gilt das Modell als realitätsfern?

8 Lösungen

8.1 Einführung in die Finanzierungstheorie

A Finanzierungsarten

Man unterscheidet zwischen der Rechtsstellung der Kapitalgeber (Gläubiger oder Gesellschafter) und der Herkunft des Kapitals (Eigenkapital oder Fremdkapital):

Selbstfinanzierung und Beteiligungsfinanzierung gehören zur Eigenfinanzierung. Unter Selbstfinanzierung versteht man das Einbehalten von Gewinnen, wohingegen die Beteiligungsfinanzierung der Beschaffung von neuem Eigenkapital durch die bisherigen oder neuen Gesellschafter zuzuordnen ist. Die Selbstfinanzierung wiederum zählt zur Innenfinanzierung, da sich das Unternehmen sozusagen aus eigener Kraft ohne Fremdmittel finanziert. Zur Fremdfinanzierung gehört die Kreditfinanzierung durch Banken, Lieferanten, etc. Kreditfinanzierung und Beteiligungsfinanzierung sind schließlich der Außenfinanzierung zuzuordnen. Hier fließt Kapital von extern dem Unternehmen zu.

8.2 Zinsrechnung

A Zinsbetrag (Z)

½ Jahr entspricht 180 Tagen.

$$Z = \frac{K \cdot t \cdot p}{360} = \frac{25.000 \cdot 180 \cdot 0{,}065}{360} = 812{,}50 \text{ Euro}$$

B Kapital (K)

1 Monat entspricht 30 (Zins-) Tagen.

$$Z = \frac{K \cdot t \cdot p}{360} \quad \Leftrightarrow \quad K = \frac{Z \cdot 360}{t \cdot p} = \frac{2.093,75 \cdot 360}{30 \cdot 0,05025} = 500.000 \text{ Euro}$$

C Anlagedauer (t)

$$Z = \frac{K \cdot t \cdot p}{360} \quad \Leftrightarrow \quad t = \frac{Z \cdot 360}{K \cdot p} = \frac{100 \cdot 360}{30.000 \cdot 0,02} = 60$$

Das Termingeld lief 60 Tage.

D Zinssatz (p)

$$Z = \frac{K \cdot t \cdot p}{360} \qquad p = \frac{Z \cdot 360}{K \cdot t} = \frac{250 \cdot 360}{3.500.000 \cdot 1} \approx 0,02571$$

Bei einem Zinssatz von über 2,571% p.a. übersteigen die Zinserträge die anfallenden Prozesskosten. Unterhalb dieses Zinssatzes lohnt sich eine Anlage für den Konzern folglich nicht.

E Aufzinsung (K_n)

$$K_{12} = 10.000 \cdot (1 + 0,07)^{12} = 10.000 \cdot (1,07)^{12} = 10.000 \cdot 2,252192$$

$$= 22.521,92 \text{ Euro}$$

F Abzinsung (K_0)

$$K_n = K_0 \cdot (1+i)^n \quad \Longleftrightarrow \quad K_0 = \frac{K_n}{(1+i)^n}$$

$$K_0 = \frac{K_n}{(1+i)^n} = \frac{2.688,72}{(1,034)^6} = \frac{2.688,72}{1,2221464} \approx 2.200 \text{ Euro}$$

G Zinssatz (i)

$$K_n = K_0 \cdot (1+i)^n \quad \Longleftrightarrow \quad i = \sqrt[n]{\frac{K_n}{K_0}} - 1$$

$$i = \sqrt[n]{\frac{K_n}{K_0}} - 1 = \left(\sqrt[3]{\frac{124.316,38}{100.000}}\right) - 1 = 1,07525 - 1 = 0,07525 \qquad (7,525\% \text{ p.a.})$$

H Zinssatz (i)

$$K_n = K_0 \cdot (1+i)^n \quad \Longleftrightarrow \quad i = \sqrt[n]{\frac{K_n}{K_0}} - 1$$

Der Anlagebetrag spielt hierbei keine Rolle, das Verhältnis aus $\frac{K_n}{K_0}$ ist bei einer Verdoppelung immer gleich 2.

$$i = \sqrt[n]{\frac{K_n}{K_0}} - 1 = \left(\sqrt[6]{2}\right) - 1 = 1,12246 - 1 = 0,12246 \qquad (12,246\ \% \text{ p.a.})$$

Würde eine Bank 12,246% p.a. als festen Zinssatz bieten, wäre eine Verdoppelung innerhalb von 6 Jahren möglich.

I Laufzeit in Jahren (n)

$$n = \ln\left(\frac{K_n}{K_0}\right) \cdot \frac{1}{\ln(1+i)} = \ln\left(\frac{1.072.635,89}{99.000}\right) \cdot \frac{1}{\ln(1,10)}$$

$$= 2,382754497 \cdot \frac{1}{0,095310179} = \frac{2,382754497}{0,095310179} = 25\ \textit{Jahre}$$

J Durchschnittliche Verzinsung (Kredit festverzinslich)

$$\varnothing\ i = \frac{jährl.\ Nominalzinsbetrag}{Auszahlungsbetrag} + \frac{\frac{Rückzahlungsbetr. - Auszahlungsbetr.}{Laufzeitjahre}}{Auszahlungsbetrag}$$

$$+ \frac{\frac{sonst.\ Kosten}{Laufzeitjahre}}{Auszahlungsbetrag}$$

Kursgewinne und Kursverluste gibt es hier nicht. Der Auszahlungsbetrag entspricht dem Nominalbetrag von 14.000 Euro. Damit entfällt der mittlere Summand der Formel.

$$\varnothing\ i = \frac{jährl.\ Nominalzinsbetrag}{Auszahlungsbetrag} + \frac{\frac{sonst.\ Kosten}{Laufzeitjahre}}{Auszahlungsbetrag} = \frac{1.260}{14.000} + \frac{\frac{140}{3}}{14.000}$$

$$= 0{,}09 + 0{,}00\overline{3} = 0{,}09\overline{3}$$

Der durchschnittliche Zinssatz des Kredits liegt bei 9,33% p.a.

Wie bereits im Textteil erwähnt, ist der durchschnittliche Zinssatz eine Näherung für den effektiven Zinssatz, liefert jedoch bisweilen stark abweichende Ergebnisse und sollte daher auch immer nur als Ergebnis mit Näherungscharakter verstanden werden.

K Durchschnittliche Verzinsung (Anlage festverzinslich)

$$\varnothing\ i = \frac{jährl.\ Zinsbetrag\ (Z)}{Auszahlungsbetr.\ (K)} + \frac{\frac{Rückzahlungsbetr. - Auszahlungsbetr.}{Laufzeitjahre\ (t)}}{Auszahlungsbetrag (K)}$$

$$+ \frac{\frac{Saldo\ (sonst.\ Erträge - sonst.\ Kosten)}{Laufzeitjahre\ (t)}}{Auszahlungsbetrag\ (K)}$$

Anleihe A

Saldo sonstige Erträge und sonstige Kosten: - 250 Euro (Gebühr Kauforder)

$$\varnothing\ i = \frac{2.550}{50.000} + \frac{\frac{0}{4}}{50.000} + \frac{-\frac{250}{4}}{50.000} = 0{,}051 - 0{,}00125 = 0{,}04975$$

Anleihe B

Saldo sonstige Erträge und sonstige Kosten: - 375 Euro (Gebühr Kauforder)

$$\varnothing\ i = \frac{2.425}{48.000} + \frac{\frac{50.000 - 48.000}{4}}{48.000} + \frac{-\frac{375}{4}}{48.000}$$

$$= 0{,}05052 + 0{,}01042 - 0{,}001953 = 0{,}058987$$

Anleihe B ist mit einem durchschnittlichen Zinssatz von 5,8987% p.a. der Anleihe A mit einem durchschnittlichen Zinssatz von 4,975% p.a. bei einem solchen Vergleich vorzuziehen.

L Durchschnittliche Verzinsung (Anlage nichtfeste Verzinsung)

$$\varnothing\ i = \frac{\dfrac{\text{Summe aller Zinsbetr.}\left(\sum_{j=1}^{n} Z_j\right)}{\text{Laufzeitjahre } (t)}}{\text{Auszahlungsbetr. } (K)} + \frac{\dfrac{\text{Rückzahlungsbetr.} - \text{Auszahlungsbetr.}}{\text{Laufzeitjahre } (t)}}{\text{Auszahlungsbetrag } (K)} + \frac{\dfrac{\text{Saldo (sonst. Erträge} - \text{sonst. Kosten)}}{\text{Laufzeitjahre } (t)}}{\text{Auszahlungsbetrag } (K)}$$

1. Schritt: Summe aller Zins-/Dividendenbeträge

3,27 Euro · 100 Stück = 327 Euro

2. Schritt: Rückzahlungsbetrag - Auszahlungsbetrag

(= Verkaufskurs - Kaufkurs)

100 Stück · (29,10 - 23,34) = 576 Euro $\left[\dfrac{45{,}65}{1{,}95583} = 23{,}34\ \textit{Euro}\right]$

3. Schritt: Saldo (sonstige Erträge - sonstige Kosten)

Bezugsrechtserlöse	100 Stück · 1,10 Euro = 110 Euro
Ordergebühren	(100 · 23,34 Euro) · 1,25% = 29,18 Euro
Saldo	110 Euro - 29,18 Euro = 80,82 Euro

4. Schritt: Berechnung

$$\varnothing\ i = \frac{\frac{327}{4}}{2.334} + \frac{\frac{576}{4}}{2.334} + \frac{\frac{80{,}82}{4}}{2.334} = 0{,}035 + 0{,}0617 + 0{,}00866 = 0{,}10536$$

Die Verzinsung Ihrer Investition in die Aktien der Karl-Heinz-AG liegt bei durchschnittlich 10,536% p.a.

M Effektive Verzinsung (Anlage mit variabler Verzinsung)

Jahr	*0* (*Kauf*)	*1*	*2* (*danach Verkauf*)
Kaufpreis	- 640	--	--
Orderkosten	- 15	--	- 16,12
Dividende	--	18	21
jährliche Kosten	--	- 8,10	- 8,10
Verkaufserlös	--	--	686
Saldo	- 655	9,90	682,78

[alle Werte in Euro]

$$C_0 = -655 + \frac{9{,}90}{(1+r)} + \frac{682{,}78}{(1+r)^2} = 0$$

Schätzungen: $i_1 = 2{,}5\%$ $i_2 = 5\%$

$$C_{01} = -655 + \frac{9{,}90}{(1+0{,}025)} + \frac{682{,}78}{(1+0{,}025)^2} = 4{,}54$$

$$C_{02} = -655 + \frac{9{,}90}{(1+0{,}05)} + \frac{682{,}78}{(1+0{,}05)^2} = -26{,}27$$

Lineare Interpolation:

$$r = i_1 + \frac{C_{01}}{C_{01} - C_{02}} \cdot (i_2 - i_1) = 0{,}025 + \frac{4{,}54}{30{,}81} \cdot (0{,}05 - 0{,}025) = 0{,}02868$$

In erster Schätzung liegt der effektive Zinssatz der Anlage in Aktien des Autoherstellers bei 2,868% p.a.

N Effektive Verzinsung (Finanzierung mit variablen Kosten/Verzinsung)

Jahr	*0 (Begabe)*	*1*	*2*	*3*	*4*	*5*
Emissions-erlös	153.675.000	--	--	--	--	--
Emissions-kosten	-1.350.000	--	--	--	--	--
Zins-zahlung	--	-5.850.000	-5.745.000	-5.400.000	-6.015.000	-6.045.000
jährl. Kosten	--	-525.000	-525.000	-525.000	-525.000	-525.000
Rück-zahlung	--	--	--	--	--	-150.000.000
Saldo	152.325.000	-6.375.000	-6.270.000	-5.925.000	-6.540.000	-156.570.000

[alle Werte in Euro]

$$C_0 = 152.325.000 - \frac{6.375.000}{(1+r)} - \frac{6.270.000}{(1+r)^2} - \frac{5.925.000}{(1+r)^3} - \frac{6.540.000}{(1+r)^4} - \frac{156.570.000}{(1+r)^5} = 0$$

Schätzungen: $i_1 = 3\%$ $i_2 = 6\%$

$$C_{01} = 152.325.000 - \frac{6.375.000}{(1+0{,}03)} - \frac{6.270.000}{(1+0{,}03)^2} - \frac{5.925.000}{(1+0{,}03)^3} - \frac{6.540.000}{(1+0{,}03)^4}$$

$$- \frac{156.570.000}{(1+0{,}03)^5} = -6.065.973{,}76$$

$$C_{02} = 152.325.000 - \frac{6.375.000}{(1+0{,}06)} - \frac{6.270.000}{(1+0{,}06)^2} - \frac{5.925.000}{(1+0{,}06)^3} - \frac{6.540.000}{(1+0{,}06)^4}$$

$$- \frac{156.570.000}{(1+0{,}06)^5} = 13.577.322{,}47$$

Lineare Interpolation:

$$r = i_1 + \frac{C_{01}}{C_{01} - C_{02}} \cdot (i_2 - i_1) = 0,03 + \frac{-6.065.973,76}{-19.643.296,23} \cdot (0,03) = 0,0393$$

Der effektive Zinssatz (Kostensatz) der Finanzierung liegt in erster Schätzung also bei 3,93% p.a. Eine weitere Verfeinerung des Ergebnisses ist mit erneuter Schätzung möglich.

Zu Ihrer eigenen Kontrolle:

Welchen effektiven Kostensatz liefert eine zweite Schätzung mit i_1= 0,0380 und i_2= 0,0393 ?

Lösung: Die oben beschriebene zweite Schätzung ergibt einen effektiven Zinssatz der Kreditfinanzierung von r = 0,03874 (3,874% p.a.). Es ist eine erhebliche Abweichung (Verbesserung des Ergebnisses) zur ersten Schätzung festzustellen.

8.3 Innenfinanzierung

A Selbstfinanzierung

Selbstfinanzierung ist die Finanzierung des Unternehmens aus eigener Kraft. Die in einer Periode erwirtschafteten Überschüsse werden als Finanzierungsmittel verwendet. Durch Selbstfinanzierung wird die Kreditwürdigkeit des Unternehmens gestärkt, was die Beschaffung von Fremdkapital für Investitionen etc. erleichtert. Zudem fällt für die einbehaltenen Mittel keine Zins- oder Tilgungslast an. Ein Nachteil liegt jedoch darin, dass die Verwendung der Mittel im eigenen Betrieb nicht zwingend am rentabelsten sein muss, da eine Anlage am Kapitalmarkt eventuell eine höhere Rendite erwirtschaften kann.

B Cash-Flow (1)

a) Der Cash-Flow kann aus dem Jahresüberschuss der Gewinn-und-Verlust-Rechnung abgeleitet, indem zum Jahresüberschuss die Abschreibungen und die Zuführung zu den Rückstellungen addiert wird (alternativ könnte man schreiben: Summe zahlungswirksame Erträge i.d.P. abzüglich Summe zahlungswirksame Aufwendungen i.d.P.). Er gibt das tatsächliche Innenfinanzierungsvolumen an, welches für Investitionszwecke oder Schuldentilgung verwendet werden kann.

b) Wenn die Erträge ausschließlich durch Preisverfall zurückgehen, sinkt der Cash-Flow genau um den Betrag, um den die Erträge sinken (Umsatzrückgang aufgrund des Preisverfalls).

Sind die niedrigeren Erträge durch einen Absatzmengenrückgang entstanden, sinkt der Cash-Flow lediglich um den Rückgang der Deckungsbeiträge, wenn unterstellt wird, dass entsprechend des geringeren Absatzes auch weniger produziert bzw. eingekauft wird.

c) Der Cash-Flow ist zwar ein guter Indikator für die Selbstfinanzierungskraft eines Unternehmens, dennoch begrenzt vor allem sein Vergangenheits-Bezug die Aussagekraft. Er lässt keine Schlüsse auf die zukünftige Entwicklung des Unternehmens zu. Wenn in der Vergangenheit hohe Investitionen getätigt wurden, aber die nötigen Ersatzinvestitionen im Laufe der Zeit unterlassen werden, hat das Unternehmen zwar c.p. einen hohen Cash-Flow, aber steht wirtschaftlich nicht unbedingt gut da, weil die Maschinen, Fuhrpark, etc. veraltet sind. Ein weiteres Problem sind die verschiedenen Ermittlungsarten des Cash-Flow, welche die Vergleichbarkeit erschweren.

C Cash-Flow (2)

a)

Aufwendungen	Erträge
variable Kosten: 20.000 Stk. · 70,– = 1.400.000 Euro *Verwaltung und Vertrieb:* 770.000 Euro *abzüglich periodenfremde Aufwendungen:* 54.000 Euro	*Umsatzerlöse:* 20.000 Stk. · 100,- = 2.000.000 Euro *Sonstige Erträge:* (250.000 – 50.000 periodenfremd)
Aufwendungen i.d.P.: 2.116.000 Euro	*Erträge i.d.P.: 2.200.000 Euro*

→ Cash-Flow = 2.200.000 Euro - 2.116.000 Euro = 84.000 Euro

b) Der Cash-Flow wurde zunächst für ein ganzes Geschäftsjahr berechnet. Heruntergerechnet auf einen Monat ergibt sich ein Cash-Flow in Höhe von 84.000 Euro / 12 Monate = 7.000 Euro. Der Cash-Flow reicht also – ceteris paribus – nicht aus, um den Schuldendienst für die Investition aus eigener Kraft zu finanzieren. Unter der Annahme, dass es sich bei der Investition um eine Ausweitung des Produktsortiments handelt, ist von einer stärkeren Zunahme der Umsatzerlöse auszugehen, was sich positiv auf den (zukünftigen) Cash-Flow auswirken sollte. Andererseits verringert sich die Abhängigkeit von den bisherigen Produkten. Sofern das Unternehmen also die Finanzierungslücke von monatlich 3.000 Euro entweder durch Fremdmittel oder durch Eigenmittel decken kann, sollte die Investition durchgeführt werden.

D Stille Reserven

Stille Reserven entstehen durch Unterbewertung von Aktiva oder Überbewertung von Passiva. Es besteht kein direkter Finanzierungseffekt. Es handelt sich um einen Steuerstundungseffekt, da der ausgewiesene Gewinn durch die Bildung stiller Reserven reduziert wird.

Drei Möglichkeiten zur Bildung stiller Reserven:

- Grundstücke und Gebäude sind zu Anschaffungskosten in der Bilanz aktiviert, erlebten aber mittlerweile einen (starken) Wertzuwachs.
- Wertpapiere sind in der Bilanz aufgrund des strengen Niederstwertprinzips wesentlich niedriger bewertet als ihr Börsenkurs beträgt.
- Nach dem Vorsichtsprinzip werden höhere Rückstellungen gebildet als es der tatsächlichen Verbindlichkeit entspricht.

Vorteil: Durch stille Reserven kann die Steuerlast gestundet werden. Es kann sich zudem ein enormes verdecktes Finanzierungspolster ergeben, welches dem Unternehmen in Krisenzeiten als „Notgroschen“ zur Verfügung steht.

Nachteil: Aktionäre (sehen nicht den wahren Gewinn) und der Fiskus haben ein Interesse an einem hohen Gewinnausweis.

E Abschreibungen

a)

	t_0	t_1	t_2
Anschaffung	-40.000	---	---
Abschreibung		10.000	10.000
Kumuliert		10.000	20.000

[alle Werte in Euro]

→ Nach dem zweiten Jahr kann aus den Abschreibungen eine neue Maschine gekauft werden.

b) Voraussetzung für diesen Kapazitätserweiterungseffekt sind vor allem:

- die Erstinvestition erfolgt durch Eigenkapital,
- Abschreibungen müssen über die Umsatzerlöse „verdient“ werden,
- Die Preise für die Maschinen bleiben konstant.

F Rückstellungen

Rückstellungen sind Schulden gegenüber Dritten, deren Eintritt und/oder Höhe am Abschlussstichtag unsicher ist. Durch die Bildung der Rückstellungen wird zwar eine Verpflichtung eingegangen, aber bis zu deren Auflösung steht der finanzielle Gegenwert dem Unternehmen zu Finanzierungszwecken zur Verfügung. Hierbei muss man beachten, dass durch die Rückstellungen eine Bindung der Mittel im Betrieb erreicht wird, denn sie könnten sonst als Gewinn entnommen oder ausgeschüttet werden. Der Finanzierungseffekt ist insbesondere bei langfristigen Rückstellungen von Bedeutung.

Die Pensionsrückstellungen ermöglichen aufgrund ihrer langfristigen Natur den höchsten Finanzierungseffekt, worüber das Unternehmen quasi für die ganze Zeit seiner Existenz verfügen kann.

G Rationalisierungsmaßnahmen

Rationalisierungsmaßnahmen sind auf das Ziel gerichtet, mit weniger Produktionsfaktoren (Arbeit, Kapital, Boden, Betriebsmittel, Werkstoffe) entweder die Produktivität beizubehalten oder sie zu erhöhen.

Dabei könnten z.B. folgende drei Maßnahmen angewendet werden:

- Personaleinsparung durch zunehmende Automatisierung,
- Prozessoptimierung durch Mitarbeiter-Ideen,
- Einsparung von Lagerhaltungskosten durch JIT-Methode.

8.4 Außenfinanzierung

A Einteilung Außenfinanzierung

Man unterscheidet

1. Beteiligungsfinanzierung, hier wird Eigenkapital zur Verfügung gestellt und die Kapitalgeber werden Teileigentümer der Unternehmung.
2. Fremdfinanzierung (auch Kreditfinanzierung), dabei stellen die Kapitalgeber dem finanzierenden Unternehmen Fremdkapital zur Verfügung. Sie sind Gläubiger, keine Eigentümer.

B Beteiligungsfinanzierung

Die Beteiligungsfinanzierung im weiteren Sinne (i.w.S.) ist der Oberbegriff für den **Eigenkapital**zufluss von außen in die Unternehmung.

Unterscheiden kann man danach, ob die Personen beziehungsweise Institutionen, die als Eigenkapitalgeber auftreten, bereits vorher zu den Eigenkapitalgebern des Unternehmens gehört haben oder erstmals in das Unternehmen investieren.

Im ersteren Fall wird die Beteiligung also ausgeweitet; man spricht von Eigenfinanzierung.

Im zweiten Fall, in dem also neue Investoren gefunden wurden, spricht man von Beteiligungsfinanzierung im engeren Sinne (i.e.S.).

C Eigenkapital/Fremdkapital

Aufgrund höherer Risikoübernahme gegenüber dem Fremdkapital sind Kapitalgeber nur zu besseren Gesamtkonditionen dazu bereit, Eigenkapital zur Verfügung zu stellen. Nachteile sind:

1. Der Anleger-/Gläubigerschutz ist für Eigenkapitalgeber im Insolvenzfall ungleich schlechter als für Fremdkapitalgeber.
2. Da die Einlagen an Eigenkapital gewöhnlich unbefristet sind, haben sie aus der Liquiditätsperspektive entscheidende Nachteile gegenüber der Kreditvergabe.
3. Da bei Einlagen die feste Verzinsung fehlt, lässt sich schlechter damit kalkulieren. Man kann nicht einen festen Betrag als Ertrag in die eigene Finanzplanung aufnehmen.

D Kapitalerhöhung/Bezugsrecht

a) Das gezeichnete Kapital beträgt vor Kapitalerhöhung 100 Mio. Euro. Der Nennwert der Aktien ist 5 Euro. Es sind also 20 Mio. Aktien im Umlauf.

Soll das gezeichnete Kapital um 40 Mio. Euro erhöht werden, so erhöht sich die Anzahl der umlaufenden Aktien folglich um 8 Mio. Stück.

$$\left(\frac{40.000.000,-}{5,-/St.} = 8.000.000\ Stück\right)$$

Gesamteinnahme = $8.000.000 \cdot 100,-/\,Stück\ (Ausgabepreis) = 800.000.000$

Davon Erhöhung des gezeichneten Kapitals = 40.000.000

Davon Erhöhung der Kapitalrücklage

= (Gesamteinnahme - Erhöhung des gezeichneten Kapitals)

= 800.000.000 - 40.000.000 = 760.000.000 Euro

b) $$\frac{a}{n} = \frac{100.000.000 \text{ Euro}}{40.000.000 \text{ Euro}} = \frac{5}{2} \text{ oder } \frac{a}{n} = \frac{20.000.000 \textit{ Stück}}{8.000.000 \textit{ Stück}} = \frac{5}{2}$$

$$\text{BR} = \frac{K_a - K_n}{\left(\frac{a}{n} + 1\right)} = \frac{135 - 100}{\frac{5}{2} + 1} = \frac{35}{3{,}5} = 10 \,\text{Euro}$$

c) $$\text{Mischkurs (MK)} = \frac{K_{alt} \cdot n_{alt} + K_{neu} \cdot n_{neu}}{n_{alt} + n_{neu}} = \frac{135 \cdot 5 + 100 \cdot 2}{5 + 2} = \frac{875}{7} = 125 \,\text{Euro}$$

oder $$\frac{135 \cdot 20.000.000 + 100 \cdot 8.000.000}{28.000.000} = \frac{3.500.000.000}{28.000.000} = 125 \text{ Euro}$$

Im ersten Fall wurde das Bezugsverhältnis und im zweiten Fall wurden die Stückzahlen der umlaufenden Aktien zu Hilfe genommen. Im Ergebnis ist es nicht von Bedeutung, welchen Weg Sie wählen. Nach der Kapitalerhöhung werden alle Aktien der AG rein rechnerisch bei 125 Euro pro Stück notieren.

Es handelt sich bei dem rechnerischen Wert des Mischkurses um eine ceteris-paribus-Betrachtung. D.h. dass die vielfältigen weiteren, zur Beeinflussung des Börsenkurses geeigneten, Faktoren nicht berücksichtigt werden. Der tatsächliche Kurs leitet sich zusätzlich aus einer Vielzahl von weiteren Einflussfaktoren und subjektiven wie objektiven Erwartungen ab.

d) Herr Unentschlossen bekommt 50 Bezugsrechte, da er 50 Aktien hält. Seine Alternativen sind (unter Vernachlässigung jeglicher Gebühren):

1. **Ausübung und Bezug neuer Aktien**

Bezug von 20 neuen Aktien $\frac{Anzahl\ Bezugsrechte}{Bezugsverhältnis} = \frac{50}{\frac{5}{2}} = 20\ neue\ Aktien$

unter Zuzahlung von 100 Euro pro neuer Aktie. 2.000 Euro sind zuzuzahlen. Sein Vermögen aus Aktien beliefe sich danach auf 70 Aktien, also 70 · 125 Euro/St. = 8.750 Euro abzüglich der geliehenen Mittel in Höhe von 2.000 Euro. Sein Vermögen beträgt damit 6.750 Euro.

2. **Verzicht auf Ausübung der Bezugsrechte und Verkauf derselben an der Börse.**

Herrn Unentschlossens 50 alte Aktien verlieren an Wert, da der Mischkurs unterhalb des Kurses der alten Aktien liegt:

Vermögen alt	=	50 St. · 135 Euro	= 6.750 Euro
Vermögen neu	=	50 St. · 125 Euro	= 6.250 Euro

Es scheint zunächst so, als würde Herr Unentschlossen durch die Kapitalerhöhung einen finanziellen Verlust erleiden. Dies ist aber deswegen nicht der Fall, weil er seine Bezugsrechte an der Börse verkaufen kann. Seine 50 Bezugsrechte erbringen 500 Euro (50 Stk. · 10 Euro). Dies entspricht genau der Summe des Kursverlustes seiner Aktien. Sein Vermögen bleibt also unberührt. Dies ist der Sinn des gesetzlichen Bezugsrechtsanspruchs der Altaktionäre.

E Kapitalerhöhung aus Gesellschaftsmitteln

a) Berichtigungsaktien, auch Gratisaktien genannt.

b) Das Eigenkapital ändert sich im Betrag nicht, es setzt sich nach der Kapitalerhöhung lediglich anders zusammen.

c) Teile der Kapital- bzw. Gewinnrücklagen werden in Grundkapital umgewandelt. Zu beachten ist die gesetzliche Mindesthöhe der Gewinnrücklage.

d) Nein. Weder die Anzahl der Aktionäre noch ihre prozentualen Besitzverhältnisse ändern sich. Es verteilt sich lediglich eine größere Anzahl an Aktien auf die bestehenden Aktionäre, entsprechend ihrem anteiligen Besitz.

e) Die Haftungsbasis lässt sich damit erhöhen. Da das Grundkapital wesentlich weniger leicht durch Beschlussfassung herabgesetzt werden kann als diverse Rücklagen, bietet es den Gläubigern der Gesellschaft mehr Sicherheit für den Fall einer Insolvenz.

   Der Vorstand könnte dahingehend ein Interesse an einem sinkenden Börsenkurs der eigenen Papiere haben, dass ein niedrigerer Börsenkurs das Papier „billiger“ erscheinen lässt und Investoren anlocken könnte.

F Lieferantenkredit (1)

Hier genügt es, den Zinssatz des Lieferantenkredits (LK) auf Jahressicht zu ermitteln. Die Alternative mit dem niedrigeren Zinssatz (Kostensatz) ist zu wählen.

$$p_{LK} = \frac{Skontobetrag}{(Nettorechnungsbetrag - Skontobetrag)} \cdot \frac{360}{(Zahlungsziel - Skontofrist)}$$

$$p_{LK} = \frac{1.125}{(75.000 - 1.125)} \cdot \frac{360}{(40 - 5)} = 0{,}1566 \qquad (15{,}66\%\ \text{p.a.})$$

Der Zinssatz liegt bei 15,66% pro Jahr. Demnach ist der Kontokorrentkredit der Banken die günstigere Finanzierungsvariante. Das bedeutet, der Einkäufer wird die Buchhaltung veranlassen, den Netto-Rechnungsbetrag abzüglich des Skontos innerhalb von 5 Tagen zu transferieren.

G Lieferantenkredit (2)

a) Skontobetrag = Nettobetrag · Skontosatz = 600.000 Euro · 0,75% = 4.500 Euro

b) Das Zahlungsziel lässt sich aus der angegebenen Formel zur Ermittlung des Zinssatzes für den Lieferantenkredit bestimmen, da der Zinssatz bereits bekannt ist (10,88161% p.a.).

$$p_{LK} = \frac{Skontobetrag}{(Nettorechnungsbetrag - Skontobetrag)} \cdot \frac{360}{(Zahlungsziel - Skontofrist)}$$

Durch Umformung erhält man folgende Gleichung:

$$(Zahlungsziel - Skontofrist) = \frac{Skontobetrag \cdot 360}{(Nettorechnungsbetrag - Skontobetrag) \cdot p_{LK}}$$

Nun sind die bekannten Daten einzusetzen:

$$(Zahlungsziel - 15) = \frac{4.500 \cdot 360}{595.500 \cdot 0{,}1088161} = 25$$

Der Aufschub betrug 25 Tage. Folglich gilt für das Zahlungsziel:

$$Zahlungsziel = 25 + 15 = 40 \; Tage$$

c) Der Skontobetrag entspricht 4.500 Euro. Dieser Betrag stellt gleichzeitig die Kosten der Inanspruchnahme des Lieferantenkredits dar, weil eine mögliche Kaufpreisreduzierung nicht genutzt wird. Unsere ABC GmbH & Co. OHG nutzte aber wie beschrieben nicht den Lieferantenkredit sondern einen Kontokorrentkredit zur Finanzierung.

In der Aufgabenstellung wurde beschrieben, dass die Finanzierung über den Lieferantenkredit 833,33 Euro eingespart hätte.

Die Kosten für den Kontokorrentkredit belaufen sich somit auf 5.333,33 Euro (4.500 Euro + 833,33 Euro). ⟹ Z = 5.333,33 Euro

d) Mit dem Ergebnis aus dem Aufgabenteil c) stehen alle Komponenten der Zinsbetragsberechnung der Bank mit Ausnahme des Zinssatzes zur Verfügung. Durch einfaches Umstellen der allgemeinen Zinsformel lässt dieser sich nun ermitteln:

$$\text{Zinsbetrag (Z)} = Kapital\ (K) \cdot Zinssatz\ (p) \cdot \frac{Tage\ (t)}{360}$$

$$\rightarrow \quad p = \frac{Z \cdot 360}{K \cdot t} = \frac{5.333{,}33 \cdot 360}{600.000 \cdot 25} \approx 0{,}128 \qquad (12{,}8\%\ \text{p.a.})$$

Die Hausbank hat 12,8% p.a. als Zinssatz für den Kontokorrentkredit zugrunde gelegt.

H Factoring

1. Finanzierungsfunktion

   Der Factor stellt dem Factoringnehmer vor Fälligkeit der Forderungen Liquidität zur Verfügung. Dafür erhält der Factor ein Entgelt, das sich nach Art und Höhe der übernommenen Forderungen bemisst.

2. Delkrederefunktion

   Hierbei übernimmt der Factor nicht nur die „Eintreibung" der fälligen Forderungen sondern zusätzlich das gesamte Forderungsrisiko. Er kann dem Factoringnehmer folglich keine uneinbringlichen Forderungen zurückgeben. Es wird eine relativ hohe Gebühr als Preis für die Abgabe des Risikos fällig.

3. Dienstleistungsfunktionen

   Buchhalterische Tätigkeiten, Bonitätsprüfungen und Mahn- und Inkassowesen können dem Factor übertragen werden.

I Darlehen [alle Werte in Euro]

a) Da der Kunde gleichmäßig hohe Raten wünscht, ist ihm zu einem Annuitätendarlehen zu raten.

b) Annuität (A) = $K \cdot \frac{q^n \cdot (q-1)}{q^n - 1}$

$$A = 250.000 \cdot \frac{(1{,}09)^5 \cdot (1{,}09-1)}{(1{,}09)^5 - 1} = 250.000 \cdot 0{,}257092457 = 64.273{,}11$$

Tilgungsplan:

Jahr	Verbleibender Kreditbetrag vor Jahresende	Annuität (wie errechnet)	Davon Zins	Davon Tilgung	Verbleibender Kreditbetrag nach Jahresende
0					**250.000**
1	250.000	64.273,11	22.500	41.773,11	**208.226,89**
2	208.226,89	64.273,11	18.740,42	45.532,69	**162.694,20**
3	162.694,20	64.273,11	14.642,48	49.630,63	**113.063,57**
4	113.063,57	64.273,11	10.175,72	54.097,39	**58.966,18**
5	58.966,18	64.273,11	5.306,96	58.966,15	≈ 0,00 [129]

[alle Werte in Euro]

c) 1. Sicherungsübereignung des Flugzeugs;

2. Gehaltsabtretung;

3. Hereinnahme einer Bürgschaft von einer dritten Person.

---

[129] Rundungsdifferenz.

d) **zu 1.**

Da sich das Flugzeug in Herrn Krügers unmittelbarem Besitz befinden würde, könnte er es weiterveräußern oder es könnte „untergehen", das heißt, einen Totalschaden erleiden und damit wäre in beiden Fällen die Sicherheit der Bank dahin. Existiert eine Eigentumsurkunde, vergleichbar dem Fahrzeugbrief bei Automobilen, so kann sich der Sicherungsnehmer diese aushändigen lassen, um eine Weiterveräußerung zu erschweren.

Auch sinkt bei Vorlage einer Eigentumsurkunde die Wahrscheinlichkeit, dass ein Wirtschaftsgut sicherungsübereignet wird, an dem kein gutgläubiges Eigentum entstehen kann, weil es dem rechtmäßigen Besitzer abhanden gekommen ist (z.B. Diebstahl).

zu 2.

Hier muss zwischen offener und stiller Gehaltsabtretung unterschieden werden. Die offene Gehaltsabtretung muss dem Arbeitgeber (Drittschuldner) angezeigt werden; dies ist dem Kreditnehmer häufig nicht angenehm. Die stille Gehaltsabtretung wird dem Arbeitgeber nicht bekannt gegeben. Problematisch ist dabei, dass es zulässig ist, eine solche stille Gehaltsabtretung per Arbeitsvertrag auszuschließen. Hierfür ist der Arbeitsvertrag des Arbeitnehmers auf entsprechende Klauseln zu prüfen.

zu 3.

Die Bonität des Bürgen (Drittschuldner) muss sich überprüfen lassen und sie muss für ausreichend befunden werden. Schwierigkeiten können sich bei zwischenzeitlichem Bonitätsverlust des Bürgen ergeben, so dass eine Befriedigung aus seinem Vermögen nicht mehr die geschuldeten Werte erbrächte.

Die Verpfändung setzt stets die Aushändigung des Sicherungsgegenstandes an den Sicherungsnehmer (Kreditinstitut) voraus. Das ist hier nicht möglich, da Herr Krüger als Flugzeugnarr sein Flugzeug auch benutzen möchte. Ein Flugzeug, das bei der Bank in irgendeiner angemieteten Halle herumsteht, ist für den Kunden nicht von Nutzen.

J Optionen/Break-even-price

a) Der Käufer einer Put-Option erwirbt das Recht, den Basiswert (z.B. Aktie) zum Basispreis zu verkaufen. Er macht einen Gewinn aus dem Geschäft, wenn der Börsenkurs des Basiswerts den Basispreis abzüglich der gezahlten Optionsprämie unterschreitet.

Im Beispiel ist das Optionsverhältnis 3/1, d.h. es werden pro Basiswert (pro Aktie) 3 Optionsscheine benötigt.

Break-even = 55,50 - (3 · 3,50) = 45 Euro. Fällt der Kurs des Basiswerts unter 45 Euro, so kann sich der Optionskäufer zu einem Gesamtpreis von unter 55,50 Euro mit Basiswerten eindecken und über seine Optionen zu 55,50 Euro verkaufen. Somit macht er einen Gewinn.

b) Der maximale Verlust des Optionskäufers beläuft sich auf die Summe der gezahlten Optionsprämien. Seine Optionen sind ab einem Kurs des Basiswerts von 55,50 Euro vollkommen wertlos. Ab diesem Kurs des Basiswerts tritt ein Maximalverlust ein.

c) Die Betrachtung gilt für eine Aktie beziehungsweise für 3 Optionsscheine.

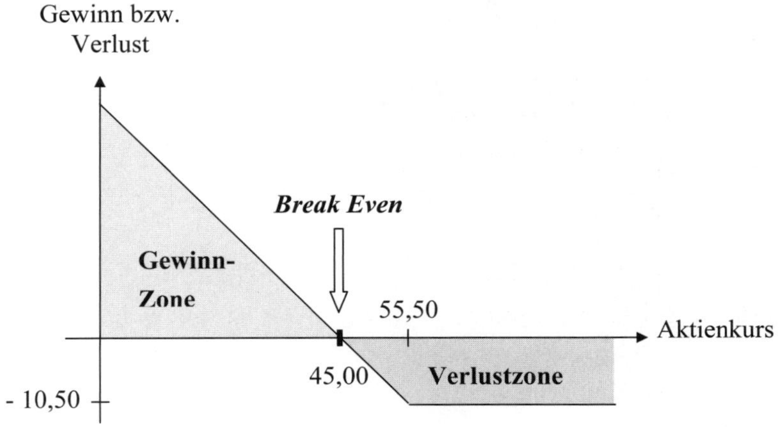

d) Der Verkäufer einer Put-Option kann maximal den Basispreis abzüglich der erhaltenen Optionsprämien verlieren. Dazu kommt es bei einem totalen Kursverlust (auf 0,00 Euro) des Basiswerts. Hier kann der Stillhalter also im schlechtesten Falle den Verlust von 45 Euro pro Basiswert (beziehungsweise pro 3 Optionen) hinnehmen müssen.

8.5 Finanzplanung

A Kennzahlen

a) Verschuldungsgrad:

$$V = \frac{Fremdkapital}{Gesamtkapital} = \frac{1.000.000}{1.500.000} = 0{,}6666 \quad \rightarrow 66{,}66\%$$

→ Der Anteil des Fremdkapitals am Gesamtkapital beträgt 2/3.

b) Eigenkapitalanteil:

$$\frac{Eigenkapital}{Gesamtkapital} = \frac{500.000}{1.500.000} = 0{,}3333 \quad \rightarrow 33{,}33\%$$

→ Guter Eigenkapitalanteil am Gesamtvermögen.

c) Liquidität 1. Grades:

$$Cash\ ratio = \frac{flüssige\ Mittel}{kurzfr.\ Verbindlichkeiten} = \frac{35.000 + 50.000}{70.000} = 1{,}2143$$

→ 121,43%

→ Die Zahlungsfähigkeit ist gewährleistet.

Die kurzfristigen Verbindlichkeiten können durch flüssige Mittel gedeckt werden.

d) Anlagequote:

$$\frac{Anlagevermögen}{Gesamtvermögen} = \frac{570.000 + 650.000 + 120.000}{1.500.000} = 0,8933 \quad \rightarrow 89,33\%$$

→ Abhängig von der Branche. Je höher der Anteil des Anlagevermögens desto höher die Fixkostenbelastung.

e) goldene Bankregel:

$$\frac{EK}{AV} = \frac{500.000}{1.340.000} = 0,3731 \quad \rightarrow 37,31\%$$

→ Aussagekraft außerhalb des Bankensektors eingeschränkt. Ca. 37% des Anlagevermögens ist durch Eigenkapital gedeckt. Die goldene Bankregel sagt jedoch, dass 100% des Anlagevermögens durch Eigenkapital gedeckt sein soll.

f) vertikale Finanzierungsregel:

$$\frac{EK}{FK} = \frac{500.000}{1.000.000} = 0,5 \quad \rightarrow 50\%$$

→ Die Eigenkapitalgeber tragen zu 50% vom Fremdkapital zur Finanzierung bei. Dies ist ein guter Wert.

B Begriffe/Finanzierungsregeln

Liquidität ist die Fähigkeit eines Unternehmens, seinen Zahlungsverpflichtungen uneingeschränkt und rechtzeitig nachzukommen.

Rentabilität ist das Verhältnis von Gewinn zu dem eingesetzten Kapital. Diese Kennziffer zeigt also an, wie gewinnbringend das Kapital eingesetzt wurde.

Zur Verbesserung der Liquidität kommen u.a. folgende Maßnahmen in Betracht:

- Ausdehnung der Kreditlinien;
- Schnellere Eintreibung von Forderungen;
- Inanspruchnahme von Lieferantenkrediten;
- Verkauf von Gütern des Anlage- und/oder Umlaufvermögens.

C Kapitalbedarf

Kapitalbedarf entsteht durch zeitliche Divergenz von Einzahlungen und Auszahlungen in einer Planungsperiode. Die Höhe des Kapitalbedarfs ist also je nach Umfang der Geschäftstätigkeit verschieden.

Bei einer **Unterdeckung** kann das Unternehmen:

- Geldausgänge verzögern bzw. verringern (z.B. einen Lieferantenkredit in Anspruch nehmen, Verzicht auf Investitionen, u.a.),
- Geldeingänge vorziehen (sofern möglich),
- Kreditlinien der Banken in Anspruch nehmen.

D Optimale Kapitalstruktur

Die Eigenkapitalrentabilität kann mit zunehmenden Verschuldungsgrad gesteigert werden. Das Fremdkapital entfaltet in Verbindung mit der Eigenkapital-Rentabilität eine Hebelwirkung. Diese Hebelwirkung nennt man Leverage-Effekt. Voraussetzung für die Maximierung der Eigenkapitalrentabilität ist, dass die Verzinsung des Gesamtkapitals größer ist als die Verzinsung des Fremdkapitals.

Risiken:

- Hoher Verschuldungsgrad kann zu Liquiditätsproblemen führen,
- Bei steigenden Fremdkapital-Zinsen Gefahr einer negativen Hebelwirkung,
- Je höher der Verschuldungsgrad desto höher das Risiko der Überschuldung und desto schwieriger wird es, Fremdkapital-Geber zu finden.

E Eigenkapital-Rentabilität

a) Gewinn = 0,14 · 210 Mio. – 0,08 · 140 Mio. = 18,2 Mio. Euro

→ Der Gewinn betrug 18,2 Millionen Euro.

$$r_{EK} = \frac{18,2 \text{ Mio.}}{70 \text{ Mio.}} = 0,26$$ → Die Eigenkapitalrentabilität betrug 26%.

b) Die Gesamtkapitalrentabilität der D-AG kann wie folgt errechnet werden:

$$r_{GK} = \frac{5,096 \text{ Mio.}}{36,4 \text{ Mio.}} = 0,14$$ → 14%

→ Die D-AG hat also die gleiche Gesamtkapitalrentabilität wie die ABC-AG. Das in die D-AG investierte Kapital wird aufgrund des Leverage-Effektes genau dann die gleiche Eigenkapitalrendite erbringen, wenn sich für die D-AG der gleiche Verschuldungsgrad wie bei der ABC-AG ergibt. Wenn der gesamte Gewinn der ABC-AG zum Ankauf der D-AG verwendet würde, könnte die Hälfte des Kaufpreises der D-AG mit Eigenkapital finanziert werden. Bei der ABC-AG hat das Eigenkapital aber nur einen Anteil von 1/3 am Gesamtkapital. Somit hat C recht: damit sich die Eigenkapitalrentabilität durch den Kauf nicht ändert, müssen die 3 Freunde genau 1/3 des Kaufpreises der D-AG (12,133 Millionen Euro) mittels Eigenkapital finanzieren. Ob sich der Vorschlag des C auch finanziell lohnt, hängt davon ab, was die drei Freunde mit dem nicht in die D-AG investierten Gewinn machen. Wenn sie ihn mit einer Rendite von über 8% anlegen können, erzielen sie insgesamt einen höheren Gewinn, als wenn sie den gesamten Gewinn in die D-AG investieren.

Alternativ zu der vorherigen Betrachtung hätte man auch die folgende Rechnung durchführen können:

Wenn die drei Freunde den gesamten Gewinn aus der ABC-AG in die D-AG investieren, haben sie insgesamt ein Eigenkapital von 70 Millionen Euro + 18,2 Millionen Euro = 88,2 Millionen Euro in den beiden Firmen investiert. Für die D-AG ergibt sich folgender Gewinn:

$5{,}096 \text{ Mio.} - 0{,}08 \cdot 18{,}2 \text{ Mio.} = 3{,}64 \text{ Mio. Euro}$

Aus beiden Unternehmen zusammen ergibt sich also folgender Gewinn:

$\text{Gewinn}_{\text{insgesamt}} = 18{,}2 \text{ Mio.} + 3{,}64 \text{ Mio.} = 21{,}84 \text{ Mio. Euro}$

Somit beträgt die Eigenkapitalrentabilität:

$$r_{EK} = \frac{21{,}84 \text{ Mio.}}{88{,}2 \text{ Mio.}} = 0{,}2476 \qquad \rightarrow 24{,}76\%$$

Die Eigenkapitalrentabilität sinkt also durch den Kauf der D-AG von 26% auf 24,76%. Wenn man nicht den gesamten Gewinn in den Kauf der D-AG investiert, kann man die Eigenkapitalrendite aufgrund des Leverage-Effektes erhöhen. C hat also Recht.

F Modigliani/Miller-Modell

a) Für den Fremdkapitalkostensatz gehen Modigliani/Miller von einem konstanten Satz, unabhängig von dem Grad der Verschuldung, aus. Aufgrund des vollkommenen Kapitalmarkts gehen sie ebenfalls von einem konstanten Gesamtkapitalkostensatz aus. Da Gesamt- und Fremdkapitalkostensatz konstant sind, steigt (bzw. fällt) der Eigenkapitalkostensatz bei steigender (fallender) Verschuldung. Hierbei handelt es sich gerade um den Leverage-Effekt.

Da bei Modigliani/Miller der Gesamtkapitalkostensatz unabhängig von dem Grad der Verschuldung ist, hat die Verschuldung keinen Einfluss auf die Gesamtkapitalkosten. Daher gibt es bei diesem Modell keine optimale Verschuldung.

b) Ähnlich wie auch bei dem traditionellen Modell werden bei Modigliani/ Miller folgende Prämissen unterstellt:

- konstante zukünftige Gewinne,
- Zuordnungsmöglichkeit der Unternehmen zu Risikoklassen,
- keine Berücksichtigung von Steuern.

Im Gegensatz zu den traditionellen Modellen wird aber bei Modigliani/Miller das Kapitalgeberverhalten aus den Bedingungen des vollkommenen Kapitalmarktes abgeleitet. Auf einem vollkommenen Kapitalmarkt agieren rational handelnde Investoren, so dass sich für Unternehmungen der gleichen Risikoklasse mit identischen Gewinnerwartungen derselbe Preis ergibt.

Das Modigliani/Miller-Modell gilt aufgrund seiner Prämissen als realitätsfern. Ein vollkommener Kapitalmarkt ist in der Realität nicht anzutreffen. Eine Zuordnung der Unternehmen in Risikoklassen wird zudem kaum möglich sein. Des Weiteren ist die Annahme eines konstanten Fremdkapitalkostensatzes unrealistisch, da sich die Fremdkapitalgeber das durch einen höheren Verschuldungsgrad zunehmende Risiko mit einem Risikoaufschlag vergüten lassen.

Literaturverzeichnis

Albach, Horst: Allgemeine Betriebswirtschaftslehre – Einführung, 3. Auflage, Wiesbaden 2001.

Baseler Ausschuss für Bankenaufsicht (Hrsg.): Erläuternde Angaben zur Neuen Baseler Eigenkapitalvereinbarung, Januar 2001.

Baseler Ausschuss für Bankenaufsicht (Hrsg.): Pressemitteilung, Baseler Ausschuss für Bankenaufsicht erzielt Einigung zu Fragen der Neuen Eigenkapitalvereinbarung, 11. Juli 2002.

Baseler Ausschuss für Bankenaufsicht (Hrsg., 2003a): Konsultationspapier – Die Neue Baseler Eigenkapitalvereinbarung, April 2003.

Baseler Ausschuss für Bankenaufsicht (Hrsg., 2003b): Konsultationspapier – Überblick über die Neue Baseler Eigenkapitalvereinbarung, April 2003.

Baseler Ausschuss für Bankenaufsicht (Hrsg.): Pressemitteilung, Consensus achieved on Basel II proposals, 11. Mai 2004.

Börse Online (Hrsg.): Ausgabe 44/2002.

Brealey, Richard A., Myers, Stewart C. und Allen, Franklin: Principles of Corporate Finance, 9. Auflage, Boston 2008.

Bundesministerium der Justiz (Hrsg.): Bundesgesetzblatt, Jahrgang 2000, Teil I Nr. 37, ausgegeben zu Bonn am 10. August 2000.

Bundesverband Deutscher Banken (Hrsg.): Daten, Fakten, Argumente: Betriebs-Pensionsfonds – Neue Impulse für die betriebliche Altersversorgung, Berlin, Mai 1999.

Bundesverband Deutscher Banken (Hrsg.): Daten, Fakten, Argumente: Wege zur kapitalgedeckten Alterssicherung –Ein Diskussionsbeitrag zur aktuellen Rentendebatte, Berlin, November 2000.

Bundesverband Deutscher Banken (Hrsg.): Daten, Fakten, Argumente: Eigenkapitalausstattung deutscher Unternehmen – Zur Bereitstellung von Risikokapital in Deutschland, 2. Auflage, Köln, Januar 1999.

Busse, Franz-Joseph: Grundlagen der betrieblichen Finanzwirtschaft, 5. Auflage, München 2002.

Deutsche Bank AG (Hrsg.): Unternehmensbesteuerung im Mittelstand ab 2001, Frankfurt am Main 2000.

Deutsche Bundesbank (Hrsg.): Monatsbericht der Deutschen Bundesbank, April 2001.

Deutsche Bundesbank (Hrsg.): Monatsbericht der Deutschen Bundesbank, Dezember 2006.

Deutsche Bundesbank (Hrsg.): Monatsbericht der Deutschen Bundesbank, Dezember 2007.

Dörsam, Peter: Grundlagen der Investitionsrechnung – anschaulich dargestellt, 4. Auflage, Heidenau 2004.

Dörsam, Peter: Mathematik – anschaulich dargestellt, 13. Auflage, Heidenau 2006.

Frankfurter Allgemeine Zeitung (Hrsg.): Leasing, Verlagsbeilage zur Frankfurter Allgemeinen Zeitung, 22. Mai 2002, Nr. 116.

Grill, Wolfgang und Perczynski, Hans: Wirtschaftslehre des Kreditwesens, 33. Auflage, Bad Homburg 2007.

Gutenberg, Erich: Grundlagen der Betriebswirtschaftslehre, Band 3: Die Finanzen, 8. Auflage, Wiesbaden 1987.

Haberstock, Lothar und Breithecker, Volker: Einführung in die Betriebswirtschaftliche Steuerlehre – mit Fallbeispielen, Übungsaufgaben und Lösungen, 11. Auflage, Bielefeld 2000.

Herrling, Erich: Spezielle Betriebslehre Banken, 7. Auflage, Köln 1999.

Hull, John C.: Options, Futures, and Other Derivatives, 7. Auflage, Upper Saddle River 2008.

Janberg, Horst: Finanzierungshandbuch, 2. Auflage, Wiesbaden 1970.

KfW Beiträge zur Mittelstands- und Strukturpolitik (Hrsg.): Ratings, Basel II und Finanzierungskosten von KMU.

Meister, Edgar: Operationelle Risiken – was sind Ihre Erfahrungen aus den Bankprüfungen (…), Zeitschrift für das Gesamte Kreditwesen, 6/2003.

Modigliani, Franco und Miller, Merton: The cost of capital, corporation finance and the theory of investment, The American Economic Review, Vol. 48, 1958.

Modigliani, Franco: The collected papers of Franco Modigliani, Volume 3, Boston 1980, 2. Auflage 1986.

Nathusius, Klaus: Grundlagen der Gründungsfinanzierung – Instrumente – Prozesse – Beispiele, Wiesbaden 2001.

o.V. in Frankfurter Allgemeine Zeitung (Hrsg.): Banken brauchen für hohe Risiken weniger Kapital als gedacht, 13. Juli 2002, Nr. 160.

o.V. in Frankfurter Allgemeine Zeitung (Hrsg.): Bilanzstarke Investmentbanken bauen Marktposition aus, 14. Mai 2002, Nr. 110.

Olfert, Klaus: Finanzierung, 6. Auflage, Ludwigshafen 1987.

Peipp, Doris: Einsatz firmenfremder Arbeitskräfte im Unternehmen, Frankfurt am Main 1996.

Reis, Detlef: Finanzmanagement in internationalen mittelständischen Unternehmen, Wiesbaden 1999.

Ruchti, Hans: Die Abschreibung: ihre grundsätzliche Bedeutung als Aufwandsfaktor, Ertragsfaktor, Finanzierungsfaktor, Stuttgart 1953.

Rudolph, B., B. Hofmann, A. Schaber und K. Schäfer: Kreditrisikotransfer – Moderne Instrumente und Methoden, Berlin et al. 2007.

Schmidt, Reinhard H. und Terberger, Eva: Grundzüge der Investitions- und Finanzierungstheorie, 4. Auflage, Wiesbaden 1999.

Schwarz, Werner: Factoring, 3. Auflage, Stuttgart 1996.

Spremann, Klaus: Wirtschaft, Investition und Finanzierung, 5. Auflage, München/Wien 1996.

Thommen, Jean-Paul und Achleitner, Ann-Kristin: Allgemeine Betriebswirtschaftslehre, 5. Auflage, Wiesbaden 2006.

Übelhör, Matthias und Warns, Christian: Basel II – Auswirkungen auf die Finanzierung/Unternehmen und Banken im Strukturwandel, Heidenau 2004.

Winkeljohann, Norbert und Diekel, Claus: Neue Anforderungen an die Finanzierungsstruktur, in: Übelhör/Warns, Basel II – Auswirkungen auf die Finanzierung, 2004.

Wöhe, Günter und Bilstein, Jürgen: Grundzüge der Unternehmensfinanzierung, 8. Auflage, München 1998.

Wöhe, Günter: Einführung in die Allgemeine Betriebswirtschaftslehre, 20. Auflage, München 2002.

Stichwortverzeichnis

G

H

N

O

S